Welcome to the captivating realm of Jigsaw Sudoku puzzles! In this book, you will embark on a journey that challenges your mind, sharpens your logic, and ignites your problem-solving skills.

Each puzzle consists of a 9x9 grid. The objective is to fill every empty cell in the grid with a single number, from 1 to 9, in a way that each row, column and jigsaw-like shape must contain every number from 1 to 9, without repetition.

By abstaining from providing solutions in print, we strive to enrich your Sudoku puzzle-solving experience while concurrently minimizing paper waste. Accessing the solutions digitally becomes effortless through the convenience of scanning the QR code:

I0426938

or visit https://mylisting.link/jigsawsudoku2

Happy Puzzling!

#1 MEDIUM

5		6			7			8
	2		8	6	1			
	4	2				1		6
					5			2
1	8						5	3
	7			4	8		1	
						4		
				5				1

#2 MEDIUM

			9	2				
6							8	
	9	7						2
		2	3			8		5
	1			4			7	
	2	6			4			8
	8			9	7	2	6	
	5			8				
	4	9			8	1		

#3 MEDIUM

	3			9	6			8
			1					
		2						1
						6		2
		8	3	6			2	4
	2		7		3		5	6
								7
	5			2	4	8		
6				4				

#4 MEDIUM

2					4			
			6				9	
	4	5		1				
	2				1		4	8
				6	3	2	5	
	5	9						
5	1							2
	7	1						
	6		2					

#5 MEDIUM

			6				3	2
	8			9			1	
9								
6			8			5		
4		3				2		
7						1		9
			1	4			5	3
								6
			7		5		9	4

#6 MEDIUM

			3		6	8		
			5					3
			6			8	9	
	6	1	7	5	2			8
8	9		4		5		6	
					4	2		7
	9	2						
						6		5

#7 MEDIUM

```
. . . | . . . | . 2 7
4 . . | . 3 . | . . .
. 2 . | . . . | 5 . .
------+-------+------
. 7 5 | . . 6 | . 3 .
. . . | 8 . 1 | 3 . 9
. . 4 | . . . | . 8 .
------+-------+------
. 6 . | . 5 . | . . 2
7 . . | . . . | . 9 .
1 . . | 2 . 5 | . . 3
```

#8 MEDIUM

```
. . . | . . . | . . 7
. . . | 3 . . | 8 2 .
. 4 . | 7 . 6 | . 5 .
------+-------+------
7 . 2 | . . 8 | . . 9
. . 6 | . 4 . | . . .
6 9 5 | 3 . . | . . .
------+-------+------
1 . . | . . . | 7 . .
. . . | 1 . 9 | . . .
. . 9 | . 5 . | . . .
```

#9 MEDIUM

```
. . 8 | . . 7 | . . .
. . . | . . . | 5 . .
7 . 6 | 3 5 . | . 2 4
------+-------+------
3 . . | 9 . . | . . 8
. . . | 8 . . | 9 . .
. 8 . | . . 4 | 1 . .
------+-------+------
. . . | . 3 4 | . . 9
. 5 . | . 3 . | . 1 .
. . . | 6 . 5 | . 4 .
```

#10 MEDIUM

```
. . . | . . . | . 1 .
. . . | . . 3 | . . 7
3 1 . | 7 . . | . 6 .
------+-------+------
. 6 . | 8 . . | . . .
. . . | 3 . . | . 8 .
. . 2 | 9 . . | 6 . .
------+-------+------
1 . . | 2 8 . | . . .
. 4 5 | . 2 . | 9 3 .
4 . . | . . 8 | . . .
```

#11 MEDIUM

```
. . . | 9 3 4 | 5 . .
. 3 . | . 4 . | . . .
1 . 6 | . 8 . | . . .
------+-------+------
. . 4 | . . . | 7 . .
9 . . | . . . | 8 . .
2 5 . | . 1 . | . . 6
------+-------+------
. . . | . . . | . . .
. 8 3 | . . 9 | 2 4 5
. 9 . | 8 . . | . . 7
```

#12 MEDIUM

```
. 8 . | . . . | . 9 .
. 5 . | . 9 . | . . .
7 . 2 | . . . | 8 3 .
------+-------+------
. 4 . | 5 . . | . . 8
. 3 1 | . . 7 | 9 . .
. . 9 | . 6 4 | . 8 5
------+-------+------
5 7 . | . . 3 | . . .
. . . | . . . | 4 . 3
. . . | . . 2 | 6 . .
```

#13 MEDIUM

1		8				6		9
9								
	5	2		6				
	7		3	9				5
			8			9		2
			2					
	1			5		4		
				7			4	
	8	5						1

#14 MEDIUM

		8		5				9
		3					1	
								7
	9		1	8		6	4	3
1				7			9	
3		2	6				8	
				4				
	6			3	9			4
				1		5		

#15 MEDIUM

			6	3				
				9				7
		8						
			4		3	9		
4			2	6			1	
5		4		1				
	6					2	9	5
				5				
					2		3	4

#16 MEDIUM

	4							8
				9				2
	1					8		4
					1			5
		6				9		
	5						4	6
		4			8	2	5	
2		1	9					7
	9	7				6	3	

#17 MEDIUM

				6		1		3
	5							9
			5	7				
	2	9		5	1	7		8
					4	3		
1				3	2			
5		1				8		
					1			5
	4			6	3			

#18 MEDIUM

					4		5	
6		1		8	2			4
							3	
		6		5				3
1				5	3	4		
				2	8	9		5
		2	1	7			8	
	9	5		4				

#19 MEDIUM

		2	9					
		4	8	1			5	
		8		5				
								7
		7				2		
5				3		8		
	8	1		6			7	
4		5	3					
					7	9	4	5

#20 MEDIUM

	1			2				
1			9			3	2	
				3	6			1
	8							
		6	3				1	9
		5			2			
		7				4		5
		4					6	
2			6	4	3		8	

#21 MEDIUM

9	8		4			5		
	3		5			7		
		6						
	4							8
3				8				
			3			8	7	
	6	4				5		
		7	8		3	9	6	
			6			2		

#22 MEDIUM

				8			2	
		9		6				5
					5			
			7		2			
2			8	3		7		
					1		9	
9	3	2		7				
4				1				3
	8	4				9	1	

#23 MEDIUM

9								
		1					5	7
			4					
2	8		3					4
6		3			2			1
		4		3		9		
1		8		9			7	
7				2			4	
		7						8

#24 MEDIUM

			6				3	
	3					8		
		7	8		6			
5					4			8
	6	1	7	8			2	
1		9					8	3
	1			4				
		4		8				2
			6		9			4

#25 MEDIUM

	4							
	5			8			1	
		8				7		1
4		1		8	9			
		4	8			6		3
3	6							
1		2			3		7	8
					7			
		7	4			8		

#26 MEDIUM

		4			5		2	1
		8				6		
6	4	9				8		3
	9							8
		6	4					
			2	8				
9				3				4
		8						
					1	2	8	

#27 MEDIUM

								2
1				8	5	3		
3	7	9					6	
			7				5	
	2	5		9	3	7		
					8			
	6	8	7					
		2	4				1	
8							9	7

#28 MEDIUM

9	6			8				
					7			
			3	4			2	6
	3			7		6	4	
				9			8	
7	8			5		2	1	
	2	5						
		1		8				
	5				9			

#29 MEDIUM

			5			6		
4		3		8				6
2	6		4		9			
5					4			7
1		8						
	8	4				5		
	1		8	9		6		
9				6	8			

#30 MEDIUM

	7							
6	9	4	5	8			3	
		3	2	7				
		6		5				
				1				8
		7		6			1	2
							9	
5		8					2	6
		1	9	3				7

#31 MEDIUM

```
. 6 . | . . 9 | . . .
9 . 4 | 8 . 3 | . 7 .
. . 8 | . 1 . | 5 . .
------+-------+------
. . 7 | . . . | . . 8
. 7 1 | . . . | 4 9 .
6 4 2 | . . . | . . .
------+-------+------
. 2 . | . . . | 1 . .
4 . . | . 5 . | . . .
5 . . | 1 . . | . . .
```

#32 MEDIUM

```
. . 1 | . . . | 8 . .
. . 4 | . 5 . | . . 3
. 4 . | . . 8 | . . .
------+-------+------
. . 8 | 6 . . | . . .
. . . | 4 . 2 | . . 7
. . . | . 8 . | 3 . .
------+-------+------
5 . 3 | . . . | 9 . .
. . 6 | . 9 1 | . 2 .
. . 4 | . . 9 | . . .
```

#33 MEDIUM

```
3 . . | . . 4 | . . .
. 4 . | . 6 . | . . 2
. . . | . 1 . | 7 . .
------+-------+------
7 9 6 | . 5 . | 2 4 .
2 6 . | . . . | 3 . .
. 7 . | . 2 . | 9 . .
------+-------+------
6 . 3 | . . . | . . 7
. 3 . | 4 . . | . . 1
. . 4 | . . . | . . .
```

#34 MEDIUM

```
. . . | . . 6 | . . .
. . . | 2 . . | 4 . .
1 . . | . 8 . | . . 2
------+-------+------
. . 8 | 2 . 5 | . . .
. . 5 | 6 . . | 8 9 .
. 9 7 | . 3 2 | . . .
------+-------+------
8 . . | . . . | 2 . 5
. 6 . | 7 . 3 | . . .
. 8 . | 9 . . | . . .
```

#35 MEDIUM

```
5 7 . | 6 8 . | 3 2 .
. . . | . 5 . | 4 . 9
. 3 . | . . . | 8 . .
------+-------+------
9 . . | . . . | . . .
. . 7 | . . 1 | . . .
. . . | 6 . . | 1 4 7
------+-------+------
. . 2 | . 3 . | 5 . .
1 . . | . . . | . 6 .
. . 5 | . . 2 | . . .
```

#36 MEDIUM

```
. 2 9 | . 1 . | . 7 .
. . . | . . 3 | 5 . .
. . . | . . . | . . .
------+-------+------
. . . | . . 6 | . . 8
. . 8 | . . 1 | 7 5 .
9 1 2 | . 7 5 | . . .
------+-------+------
. . . | . . . | . . .
. . . | 4 . 2 | 8 . .
5 . . | 1 . 4 | 9 . .
```

#37 MEDIUM

			8		3		9	
9		7			8			1
	8				5		1	
			2				3	
					1	5		
6			1					
		6	7				8	4
			3		2			
		5	9		6			3

#38 MEDIUM

				9				
2	9			8	1			5
		9		3		7		
3			4		9			6
	3	2	7					
5			9					2
					7			8
	4	1						
	8			2	7			

#39 MEDIUM

	6		3	4			9	
	9							5
	4							
			9			3		
2								4
				7				
	2			5	1			
6		7		2	9	3		
	8	1		6		7		

#40 MEDIUM

5			8			9	3	
								5
	9		5		6			2
		4		3		1		
			2					
	2	3		5	9	4		6
	6				7			8
	8				4	6		
				9			2	

#41 MEDIUM

8				1			9	
		6				5		
			7	8				
	2		8		9		7	
				3		8		
	8					6	3	
	3		1			2		4
	1					9	5	2
	9							

#42 MEDIUM

	4			1				
3	2				7			
	7			8	1	6	3	5
						2		
						5	4	6
			2			1		7
						9		
4		6	5	9				
		1						3

#43 MEDIUM

			2	4		7	3	
		3			6			
1							4	
2								8
8				9		6		
	3	6			7		1	
3	9	4				6		2
		8		1	4			

#44 MEDIUM

					5			1
				9	2	7		
		9			1			4
	8	7	2	3				6
	6		1					
4	9	3		6				
			7					2
6			8			9		

#45 MEDIUM

6					1	7	8	
5	7			4		9		
	6		2	1		4	5	3
		7			8			
				3				
		6		9				7
				2	1			
	1		6			5	2	

#46 MEDIUM

						9		
	2	6	4	7	9		8	
	1				4			6
	9					8		
		1				5		
	8		4	1				9
				6	8			7
	1		7					
6						3	4	

#47 MEDIUM

								8
			8				9	6
	2			4				
3		8		1	7			5
2	8				1			
7	1				5			
			8					
	5		1		6			9
1		7	5		3			

#48 MEDIUM

								6
4				9		8	3	1
				8				
				6	2			
								2
5	6					7	1	9
		7		8		6		
1					2			
3		5				7		

#49 MEDIUM

7			3					5
			6		4	2		
		9						6
			7				1	3
	5		1		3	6		
	7		9					
3		2						4
			5	8	1			

#50 MEDIUM

8	2		7		3			4
	1			9		6	2	
		2	6				1	
		8	5		9			
7			3					
4		5	2		1	9		
				1		7		
							6	
		9		8				

#51 MEDIUM

9		6				5		
				6	3			
3		5					6	
5	6			9	1			
2		9	8	7		6		
7		1	9				2	
			5	8				
	7							
	5							

#52 MEDIUM

3	5							
	8		2		4	7		
		4						1
5		6				8	3	
6			4					
7	4	9				2	8	
8			6				5	
		7			6			
	7	3	8		5			

#53 MEDIUM

	8		1	5			2	
3			1	2				
1			8	4				
							7	
9	1		4					
					9	4		
		1	9			8	4	
	2							
			5		3		6	

#54 MEDIUM

	3	4					2	
2		6			8			
						2		
9			4				8	
	5					6		
	8	5						
1	9				6			
7			9					6
4			1		6	3		9

#55 MEDIUM

2	4					3	6	
	6		3		1		2	
6		3						
				6				9
9			7		6		4	
	7	4			8			2
		2				8		
						5		
	8		5	2				

#56 MEDIUM

	7			4				
	9				4			5
8				1		5		
9			3	5				
		6			8		3	
		9						3
	2				6			
		4	9	7	5		8	6

#57 MEDIUM

			8	2	4			6
4			1					8
			4			3	1	
					5			4
	4		3			8	9	
6							7	5
8			9		6			
9		6					4	
			4					

#58 MEDIUM

8				7				
	2				6			5
5		6			8		9	
	5					7		
6		8		5	2			
	6	3	4					9
	7	1						2
		2		6	7		5	
		7						

#59 MEDIUM

4			1			7		3
		6	4					
	8			9			2	1
5			9					
		3	2		5			
6				3			9	
	5	1			3			
				1				
1		4		7				6

#60 MEDIUM

	9				4			
	2			3		4		
		6		9	3			
7						6		
		8			9			
		4						
6			2	7				
4	6			5	2			1
	8				1			6

#61 MEDIUM

3	1				8			
			6	1			4	
				6				
					3			7
2	7				4	1		9
	6							
		9	2	7				1
	2		1	6	3		7	8

#62 MEDIUM

9		4		7				
7				1	4			3
		3						6
					7			9
				1				4
3	7	9	5		8	4		
				8	2	3		
			6	4		1		

#63 MEDIUM

		3						
6				3	7			
8	6	1	4		7			
			1				3	
		8				2	5	
	3	2					9	
3								4
			9	3		5	6	
			7		5			

#64 MEDIUM

7							9	2
			8					4
4	6			3				
9	8				2			3
2			5		8	1		
6			7					
5								
8	7						3	
1	5					7	2	8

#65 MEDIUM

			9				3	
						3	6	
	9	6		5			8	2
6						1	7	
		3		8	4			1
1					2			
7			5					
			3		1	6		5

#66 MEDIUM

7			4			3	5	
3				7		6		
				9			1	3
		3	1					
		1			8	3		
9		2	7					1
	6		3	8	9			
							8	4
								6

#67 MEDIUM

2	1	7		8				
	5	3	7					
	2							
	3		8	4	2		5	
	9							4
			6	3				9
			3			1		
	7			8		6		
7				1				

#68 MEDIUM

5	1				9	8		
			6				2	
								6
8	5			4	3			
3	8				6		1	
	6	1					4	
			7	3	1			
	2						6	

#69 MEDIUM

2		8	5	6				
6	5					9		
	7							8
		6	8	3		2		
			7					4
				6				
3	8							
				8		5	6	
	6	2				7		

#70 MEDIUM

	4		9			5		3
			8			7	2	
		5	6	8	2			
		3						
8		1		3			6	
4	6							
				3				
	9			4	8			2
3			9	6		4		

#71 MEDIUM

						7		
			4	2				8
4			7	3		9		
	9				8	2	7	
								6
	5	9		2		4		
		4		6	9	3		
5	4			7				
					7		4	

#72 MEDIUM

	1	4					8	5
5								
6		5	4				9	
		3		2				4
	5	1			4	6		
8	2					9		7
	7	6				1	2	
	4		5					
		2		1				

#73 MEDIUM

	9	5						
		2						9
				4				
	5	1						4
1				6			7	
					1	7		
	3	8	5		2			
9		4						3
5	1	7	9			4		

#74 MEDIUM

	2			8	7		5	1
	5				2	9		
			5		6	8	4	2
				4				
	7				9			3
						7	8	
		3				1		6
								9
2	9	1						

#75 MEDIUM

			7				2	
	8	9		3		7	4	
	7	6			1		3	
	5							
	3		6		5			
	2		3	6		1		
3		4		7	2			
	9						7	

#76 MEDIUM

4		7					9	
5								
			5					1
				4		2		
7		5	4			3	1	6
							3	4
			2		5			
6	3	8					4	
		4	3	9	2			

#77 MEDIUM

			5		3		2	
4							9	1
6								
7				4	6		8	3
			7	3	9			
				5	2			
3	7			4				
	6	4		7			1	

#78 MEDIUM

9								
	5							
3		4	5				6	1
6	1							
5		8	4		7			6
		9			1			8
8		6	3					9
		8				7		
		1						3

#79 MEDIUM

9	5		6					3
			7				5	8
			9		6			5
4	8	6	5		3	9		
	9							
	2	5						
2		4			5			1
					7			

#80 MEDIUM

			2		6			
3		1		2	7	5		
1	5	4				6		
7							3	
				4				
9		6	1				5	
8	1		5				7	
			9					6
6								

#81 MEDIUM

		6		9				
					6			7
			7		8	4		
1			8					6
5				4	8			1
	4			6		5		
	3	5		1			8	
2							1	
				5	6			

#82 MEDIUM

7	2	4	3	1				8
8			2		7			
								9
1				2	6	5	4	
					9	1	6	
						4	3	
	9		7					
			1		5	9		

#83 MEDIUM

	9			6	5		2	
6			2	9		7	3	
		1			9			3
				4	2			
4							7	5
		3					1	6
		8						
			8		6			7

#84 MEDIUM

	1				2			
		6					7	9
2						4	8	
		5	9	7				
					3		5	4
	7				8			2
9	3	2						
			7		8	1		

#85 MEDIUM

			1	5				
2		5						
				7			8	
	9			2		6	3	
		8		4			7	2
		4	3		5		8	6
	5	3			8			
	2		9					

#86 MEDIUM

			7				6	
6	9	3			4			
			6				8	5
				6				
7			8					
	7		2			9	5	1
	1		6	9	8			
5			7		6			
1					2	7		

#87 MEDIUM

4				3				5
7						2	4	8
				4	3			
		9						
9	5		1				2	
	4				5	6		
	7		8					
			9	8	1	4		
	6	3						2

#88 MEDIUM

		8		7			3	6
	4		3		5		1	
1		3						4
				3				
	3				4	1		6
5	2		8	1				7
		5		4		9	2	
4							7	
				2			4	

#89 MEDIUM

				9		4	5	3
					2			
	2	8		3	9		7	
					7			
		4	8	6	5	2		
8						5	9	
5				9				6
2				3		8		
1						7		

#90 MEDIUM

6					8		2	
5								
	3	5					4	8
9							2	3
1			4				5	
3			1		6			
				3		7		4
		9						6
4			2	3	9			

#91 MEDIUM

```
. . 4 | 5 1 . | . 6 .
7 . . | . . . | 5 3 .
. 6 9 | . . . | . . .
------+-------+------
. . 7 | . . . | 9 1 .
. 7 . | . . 1 | . . .
9 . . | . . 3 | 6 4 .
------+-------+------
. . 3 | 6 . . | . . .
. . . | 2 . . | . 5 .
. 9 . | . 5 . | . . .
```

#92 MEDIUM

```
9 . 5 | . . . | 4 . .
8 . . | . . . | . 3 9
. 6 1 | . . 7 | . . .
------+-------+------
. . . | 8 . . | . 2 6
. 6 . | . . . | . . .
1 . 9 | . . 3 | . . .
------+-------+------
. 5 . | . . . | . 4 .
. 4 . | 9 . . | . . 3
. 2 8 | . . . | . 5 7
```

#93 MEDIUM

```
. . . | 1 3 8 | . . .
. 8 . | . . 5 | . . .
. 9 1 | . . . | . . .
------+-------+------
. . . | 5 . 4 | . . 6
5 . 3 | 6 9 2 | . . .
. . . | 4 . . | 5 . 2
------+-------+------
2 . . | . . . | 7 . .
. . 6 | . . 7 | 3 2 .
. . . | . . . | . 5 .
```

#94 MEDIUM

```
. . . | . . 5 | 1 8 .
. . 1 | 2 7 9 | . . .
. . . | 8 . 3 | . . .
------+-------+------
. 7 . | 9 . 8 | . . .
. . . | 7 . . | . . .
4 . . | 1 . . | 3 7 .
------+-------+------
5 . . | 4 . . | . 9 .
. 1 6 | 3 . . | 4 5 .
. . 2 | 5 . 7 | . . .
```

#95 MEDIUM

```
. . . | . . . | . . 9
. 9 7 | 6 . . | . . 2
5 . . | 4 . 3 | 2 . .
------+-------+------
. . . | 7 . . | . . 5
. . . | . . . | . . 1
2 . . | . 7 . | . 1 6
------+-------+------
4 7 . | . . . | . . .
. . . | . 2 . | . . .
. 2 . | 8 1 . | 7 9 4
```

#96 MEDIUM

```
9 . . | . 5 . | 6 . .
4 . 8 | . . 3 | . . 2
. . . | . . 3 | 7 . .
------+-------+------
. . . | . 2 . | 9 . .
. 6 9 | . . . | 1 . 5
. . 6 | 7 . . | 1 9 .
------+-------+------
3 . . | . . . | . . .
. . 5 | . 4 . | 2 . .
. . . | . 3 6 | . . .
```

#97 MEDIUM

6				3				
		3			8			
				5		7		
	8	1				4	3	2
3			4	5	8			
		6						5
5			7					
								4
		8	4	2	6	3		

#98 MEDIUM

6	4		1			9		
			9					
	3							
								4
9	5	3					1	8
		9	5	3		8		
7					5	1		
5	8	6					2	
	1			6				

#99 MEDIUM

	5							
7	2		6	9		1		
			4					
							9	3
			9		4			
8	1		3			6	5	
	9		8				3	1
2	7	6				3	4	
3			5				2	6

#100 MEDIUM

	3	2	9	7				8
9		3	8	4	7	6	2	
					1			4
	4				2			6
							4	7
5								
		9		5				1
2	9				5			
	8							

#101 MEDIUM

9						8		1
	7		6	5				
1				6				2
		2				6		
	1			4				7
				5				4
6			5	9			1	
	4	9	2		1			
		7			2			

#102 MEDIUM

9		8		7			2	
					6			
			1	4			5	
	4			2				
6			8					
1		9				8		4
8				3				5
		6		2			8	
	7	5	1		8			

#103 MEDIUM

		9		7				
				6				
		9	5		1		6	
4	1				6	2	5	8
7					1			
5								
6		5				8		
			1				6	
2		1		3			4	9

#104 MEDIUM

		1						
	2					7		
			9				6	
	8	9	4		3			
		2	5			8		
5	9							6
				8	6	2		
	5	6						
	7	5		9			4	2

#105 MEDIUM

			5	2		1		
				2				
			3					2
		8	9		7		3	5
3	4	7		6				1
			4					
	1	6			8			
			7	8	6		5	4

#106 MEDIUM

	2				9			
7								1
			8			2		
2				4	5			8
	9		5			7	4	
	4		9					3
	6	3		8				4
4			7					2
	1		2					

#107 MEDIUM

	8			6				
								1
2	4		8	7	6			
5				7				
	7	5						3
			4					9
3			9	1	2			
9	6	7				8	2	

#108 MEDIUM

	4			7			3	
5						4	2	
2				1				
1		5		2			4	
					4	7		
	5		8		7			
				8	4	9		
	6	7			2			4
					6	5		

#109 MEDIUM

				7			3	9
9		4			5			
8			9	5				
2			8		7			
1		5					7	
								4
4		6						
	1	7	2		4			
	8	2	5					1

#110 MEDIUM

1		2						
	8						2	1
	7	6	5				9	
				1	5			
4			5					
6				7	2			4
		9			8			
	5	7	3			6		
	9					3	7	5

#111 MEDIUM

	9	6	1				3	7
	6							2
					6			
4	1		7			5		
	7			1	4			
9	2	3		4		7		8
	4				7	8		
								6

#112 MEDIUM

		3	6	1			8	5
	4	7	9	6	2			
	1						4	
				5				
9							1	
4	2		1			3		
		8						
	6							8
		9			1		6	3

#113 MEDIUM

7	9							
	6		2				7	3
6				8	4		1	
			9			6		
		4	3				2	
			1			9	8	
		9						
			6	5		8		
	8			6			9	

#114 MEDIUM

1	2			6		3		9
					5		6	4
		8	9		4		3	
2			3		8			
			5			4		
6						5		
			1	3				
7	8			5				
				8				6

#115 MEDIUM

					1	9		
			4					5
			8			1		
2	7	8	9					3
	2		6		7	9		
9	5							
	8		3		2	4	1	
				5		8		
		7						

#116 MEDIUM

		6	8		5			3
			7		9		2	
					7		9	
	9	7				6		
			9	3	6	8	1	
	7							
	1			7		9		
5						7		
	6						5	

#117 MEDIUM

	2		1	9				5
9	3	7		6				
			5			9		7
			7					
						3	4	
4		1	2					
	5	4		2	1			
					5			
		5					7	

#118 MEDIUM

3	9					7	1	
		6			2			
5		1						
		8		2	6	9		7
9				5		2		3
2		4						
	1			9			2	
	4				8			
					5			8

#119 MEDIUM

				8	6	9		
6	8				1			
2		5	3				6	
			5		8	2		
				7	3			
	4	8			2			3
	6			3				2
8			4					
							5	4

#120 MEDIUM

	9	1	8			3		5
	5					8		
		7			1		8	
		6	7					1
			2					
	1							
				8				
		6			9	1		3
	7		5		2			

#121 MEDIUM

```
3 5 . | 7 1 4 | . . .
. . . | 8 . . | 7 . .
. . 6 | . 2 . | 3 . 1
------+-------+------
. . 7 | . . . | 4 . .
. . . | . . 5 | . 7 .
. . . | 4 9 . | . . .
------+-------+------
. . . | . . . | 2 . 4
. . 4 | . 7 . | . . 6
1 9 . | . . . | 6 4 .
```

#122 MEDIUM

```
6 . . | 2 . . | . . .
4 9 . | 6 . . | . . .
. . . | . . . | . 6 .
------+-------+------
. 8 . | . . . | . . 9
. . . | . . 3 | . . 7
. 3 . | . 7 1 | . 9 4
------+-------+------
. . . | 3 . . | . . .
. . . | 7 . 8 | 9 . .
8 . . | 6 4 . | . . 1
```

#123 MEDIUM

```
. . . | . 8 9 | 1 . .
. . . | 9 . . | . . .
. 6 3 | . . . | 5 2 .
------+-------+------
3 . 7 | . . 8 | . . 6
2 . . | . 7 . | . . 9
4 . . | . . 2 | 8 . .
------+-------+------
8 . . | . . 3 | . 5 .
. . 9 | . 2 . | . . .
. . . | . . 1 | . 8 4
```

#124 MEDIUM

```
. . . | . . . | 9 . .
6 . 4 | 2 1 . | 7 . 5
. . . | 6 . 8 | . 1 .
------+-------+------
. . . | 7 . . | . . 6
1 . . | 8 3 4 | . 7 .
7 4 . | 1 . . | . . .
------+-------+------
. . . | . . 7 | 3 5 .
. 2 . | 4 . . | . . .
. . . | . 2 . | 1 . 4
```

#125 MEDIUM

```
8 . . | . . . | . . .
. . 6 | . . 4 | . 7 2
7 . . | . 3 . | 2 . .
------+-------+------
. 6 4 | . 8 . | 5 2 .
. . 7 | . 6 5 | 3 . .
. . 9 | . . 2 | . 4 .
------+-------+------
. . . | 2 . . | 1 . .
. 2 . | 7 . . | . 1 .
. . . | . . 4 | . . .
```

#126 MEDIUM

```
. 9 . | . . 7 | . . .
. 3 . | . . . | . 8 .
. 4 . | 9 5 . | . . 3
------+-------+------
. 7 9 | 3 . . | . . 1
1 . . | . . 2 | . 9 .
. . . | 8 . . | . 5 9
------+-------+------
. 6 3 | . . 9 | . . 7
. . 8 | . . . | . . .
. . 2 | 4 . . | . . .
```

#127 MEDIUM

						6		
1	6	2		9				3
	4			8	6			9
							8	
		9		4		2		
3				2		1		
		1	6		2	9		
9	8		3					2
5				6				

#128 MEDIUM

	8	9	4					
3			7					
		3			9	1	8	
	1					3	9	
	7			3		4		1
		5		4			7	
			9				6	8
1	6							
					3			

#129 MEDIUM

	6			4	9	3		5
	5				8			
		8						2
1	4	9		7		5		
						8		
	3		1					
				3		9		
		7			6			
	2					3		

#130 MEDIUM

						7	6	
4			9		8	2		
	5				7			
	1	2		6				5
8	4	9						7
6	2		3					
				5				
		4	3					8
1					9	3		

#131 MEDIUM

		2		1	8			
				9	2	7	6	
					6	2		
					5			
						9		
		3	9		8			
	9			2			3	
3			4		7			
6				2	3	5		

#132 MEDIUM

1		6		3	7			
				2				
	7	9	1		6		2	
							3	
				5	2	8		
	3			6		9		8
		3		5				7
							4	
	8		4	3				

#133 MEDIUM

	1			5			9	
	5	7		2	3	1		
6	3						2	
	8	9						3
7						9		
3	2				7		4	
		4				2	7	
			2		1		6	8
				7			1	2

#134 MEDIUM

			4				1	
				9	5			
			8	2	7			9
			2				3	
6		4			1			2
3	8				4			
			1	4			6	7
			9		2			8
				8				1

#135 MEDIUM

		4			3		8	5
4	9				6		7	
9	2	1		3		4		
7	3			4		6		
5		9	7		4			
						5		9
		7	5	1				
3							2	4

#136 MEDIUM

6							9	
		3		1		2		
5								
		4				8		
			4		5			
	3	6			2			
	7	2		5			6	
	4		7				1	
1			6	3	7			

#137 MEDIUM

		1		5				9
8							6	
1					6			
9	3			7		1	5	
		8				4	7	
				4				
				8				
	1		5			8	3	
5	6		7					

#138 MEDIUM

			9			4		
3				7				9
				6		8	3	2
							4	1
		3		4			6	
4	2			3				
		4	6	5			7	
7	6				2			5

#139 MEDIUM

3	9		1					
		1		7		2		
		8						9
			9			8	4	7
			2			5	1	
		2	1	8				
			5			6		4
	3							1
1				4			8	

#140 MEDIUM

8						6		
	2		5			1		3
		8		2			6	5
5	6				9	8	3	
		9						
1	9		2					
	5			8	6			
3		6			7			

#141 MEDIUM

	7		2		5	6	3	
					4			
			5	1			4	
3	9	6			1			
			8	5				
	4			3				
1	8	3			7		2	
							7	1
		4		8		3		

#142 MEDIUM

	2	1			7			4
		4	6		5			7
	4	7	2	1			9	
	1	9					7	
		8		4		7	2	3
	9		4					
2			9					
4								
		3						

#143 MEDIUM

		4		5		9		
		9		1		3		2
			2		6			7
		3					5	
	8		1	3		7	4	
								6
				7	9		2	
3	5		4					

#144 MEDIUM

			1	9				
		7	5			9		
5	9			3				
				9			4	2
9	7	1	2		3			
3		5						4
		9				3		
4				8		2		
			3				5	

#145 MEDIUM

	7	1		6	3			
9						4		
	5			4				
	4		2			6	5	
1						3		
							1	
7	3				6	9		
	8		2	4	1	3		7

#146 MEDIUM

7		3			9	8	4	
	8	5			1			
		7						9
5				6		2		
6						1		
	1							
					9			
	6				3			
9	5	7		8				3

#147 MEDIUM

			8				6	
5	2							4
	4	7		3	8			
	5			1			9	
1	9						4	
	6	8	4				1	
	3	1		2				
	8	3			4			

#148 MEDIUM

8		3			4	2	7	
		4		3			8	
			9	7		6		
4			5	8		1		
7	2			3				
1								
			1		9			
			4	2				
5	6					3		

#149 MEDIUM

			3		7		2	
5	8						3	1
	7		2				8	6
9		3						
3			6					
				2		3	1	
		6		8				9
			9	1		2	6	

#150 MEDIUM

2						4	8	
		8	3			9		
3			1		7			
			7	1		3	9	
	1		6				5	
				8				
1						8		
9						3		
4		2			1	5		9

#151 MEDIUM

2	3		9				5	
			3		5			
	1	6						2
	7				4			6
6		9	2	7		3		
	5				1	9		
		3				1		
		5					1	
	9							

#152 MEDIUM

4		7						
		3		6	4			
5	8				3			7
			4			3		
3			5		8		6	9
	7	2			5			
2								5
	3					7	2	
6		9		2		4		

#153 MEDIUM

		2	3	8	4		6	
		8			7			
	7	6				1		9
4	9							
		5	1					
						4		
2	5	7	4				3	8
	4							
		4		2				5

#154 MEDIUM

	3	8						
				2				
						2		9
			3			8	7	4
		9						
8	2		6			5	9	
	6	1		3	4			8
	1						4	
	9		8	6			5	

#155 MEDIUM

		2				8		
		3	2	6	9		4	
						5	2	
7		8	4		1			6
3	6			4	8		2	
		2						
		1	7	3			9	
8		9						

#156 MEDIUM

	4		6	1	8			5
							3	
			7					
		4				9	5	
7		3	9	8	6			
	5			9	7	4	6	
4	7			1				
			4				9	
1		7						

#157 MEDIUM

				9				
				8		7		
		7		6				
1	3							
		2		1	5	4		
8		9		3			4	7
				2		1	5	
2			7		4		1	
		4				5	2	9

#158 MEDIUM

8			9					5
2		3		4				
				5		6		
		6					7	
3		8		7				
7	4			1	6	8	5	2
6			2		9			
		8					9	
							1	9

#159 MEDIUM

8			2	5	3		6	
		6	4		2	9	8	
7		2		1				
		5	2			1		
	4		1	3	7		5	
	8	7	6					
		3		9				
4	9	8			6	5	3	

#160 MEDIUM

			8			7		
			3	8				
				8				
	2		1			6	8	
5								
		5				8	2	
	9	4		6	1			
						9		
8	5		9	4		1	6	3

#161 MEDIUM

	3					6		
9		1		5				
				8				
	2		7		1	4	9	
	4			3	2	9		
		9		1			8	
2	6		8				5	
		6			3			9
5		8						1

#162 MEDIUM

			4		6			
						4		
	9	4		7				
	5		2		3		1	
	7							
5	6		3					
7	4						8	3
						2		9
3		9		6		1		5

#163 MEDIUM

7	5					9		
	4		9	1				
2			1		6			
			6			3		
						5	3	1
		9					2	7
		6						
9				2	7		6	
		8		9				6

#164 MEDIUM

					2			6
2				4	3		9	
		7						
5	7			6	4			
					9		7	4
		3		8	1			
		4				3		
	9		7		8		6	
	4		6				3	1

#165 MEDIUM

								7
3	2		9		6		5	
	1	5	6			3		
		8	1	4	2	3		
			5	7				6
2	5			9				4
	4							
		1	4					

#166 MEDIUM

			9	5	8			
						6		9
	7						3	
					7			6
9		4		1				
		6						
	1	5		8	6			
	3		5	6				2
		7	8			5		4

#167 MEDIUM

				5	4		9	
4								2
				9	2			
	9	2	8				1	4
		8	9					
5	1		3					6
		6		7	1	9		
	5							1
		3						

#168 MEDIUM

	1					3		5
3	7			4				
9				1	2			
	8						4	
2		4		7			6	
			5	9				
		3			9		7	
	6			2				
	2			4				

#169 MEDIUM

	2	8			9	3		
						6	9	
					8		7	
	6	7			5			8
5	3			9				
					2			
3		2		8		7		
		6			1			
			7		3	1		5

#170 MEDIUM

1					7			
7	4		1			6	2	
9	3		6					
			8		4	3		
8					3		9	
	5		2	7				
2						9	4	
				3		8		
		4						2

#171 MEDIUM

		9					1	
	5			1		6		9
		2			9			
9						4		
		3						1
7			1					
5			6					8
	3	1		8				2
3		5	8					7

#172 MEDIUM

5		6		1				
				2				
3	9		5	7	6			
1			6					3
	7							
4				8		6	5	
	6							
6		9					2	
	1		3	4		5		

#173 MEDIUM

					1	4		6
			5					
		8	1		7		5	
2	5	6	3					8
6		1	9		5	3		
3		7						1
8	7							
		3						
	9		2			1	8	

#174 MEDIUM

	6			4	9			7
	1							
			2	8	1		4	
		9			7			8
1	8			2	4			9
6	7	2	4					1
	5	3						
	4	5			6	9		
						1		

#175 MEDIUM

6								
		8		7				3
1			6			4		
9						6		
	9	4	7					6
4		2			5			1
				7				
2		9	1		4	6	5	7
		6			2			

#176 MEDIUM

6			5				1	8
2								6
8							7	
3	2	9		6			8	
1		8			2			
							2	5
5			2	1	8	6	4	
			8				9	
		4						

#177 MEDIUM

	3	2			5	7		8
	7				4			
	8							
3	6		9		2		4	
5		4				6		
		6		2			9	
	2		3			5		
	4	9						
6			8				2	

#178 MEDIUM

		5			7			
5		8			3			9
2	8	1	4				9	5
					1			6
		7		5				4
1				5				
					4		5	
4						8		
3					2			

#179 MEDIUM

6		9		5				
3		5					6	
	6	3	4					9
1				6				
9				5		2		
		6			7		8	
		7						
	7	8		1		4		
			9			6	7	

#180 MEDIUM

5				3				
					7		5	4
	1							2
							4	9
3			6		1			
		6	4	7			2	
	2					7		5
			2		3			
	7				2			

#181 MEDIUM

5				3		7	8	
		8	1					
			6		3			5
						4		7
	5			9		1	3	
		5		1		3		
9		3	2			6		
	7	6				5	4	

#182 MEDIUM

		5		4	6			
		2		7	9			3
		4		6		3		
					3			
	3	9		8				
						1	4	7
				7				
			9			5	8	
			8	1			6	5

#183 MEDIUM

8	9	7				5		
			7	9		6	1	
		1						
	5							
4			1	6			5	9
				5				
	7	9						2
			4		8			
5			7			6		

#184 MEDIUM

4				5				
	3	5					8	
					6			
7	1			8	5	3		
5			8				7	3
							4	
			2		7			
			3		2			
			8	3	9		1	

#185 MEDIUM

		5						3
		2		7			1	9
				7	9	8		
8		4		9				
	5	9				4		1
		8		6		5		
	2							
		1	4			8		2
	8	1	9					

#186 MEDIUM

						5		
			1	6	3		2	
	2			9	1	4	3	7
1						7	5	
			3		7			
	4		2			8	1	
7		3	8	4	2			
9			7					

#187 MEDIUM

9		2				4		
					6			
	8	9				6		3
2			4		5	7	8	
1					8			2
					9	2		
	3			8	4			
4				6		5		1

#188 MEDIUM

			7			2		
	7						9	5
				4				9
		6						
6	9		3		7			
	8			4		9	6	
		7	6		9			4
	3							
4	6				2	5		1

#189 MEDIUM

	6				8			
3		7						
	2			6	7			
	7			9		2		6
				7		8		2
		8		1				
			8				5	
		4		2	6			
1			3					7

#190 MEDIUM

2			7			3	6	
	6	1						
7				1		4		
	5		3			8	9	
3	8		2					
				8				
	9		8	3				4
8			9					
6			4		2			

#191 MEDIUM

	8		9	3		4		
2	1			5				
					6			
6	2		4					
9						7	3	
	3						8	
	9			8				
				4		3	1	
			2	9				

#192 MEDIUM

2	3							
6	7	4	8					
						8	3	
3			1		7			
7				2	5		6	
			5					
4		2		3				9
	9							
	4	3		9		7		5

#193 MEDIUM

			7				5	
	1					9	7	
6	5		3	9				7
7				3			9	1
		7	8					
						2		
		8	9		2			
		1	4					6

#194 MEDIUM

				1			5	4
	6			2			1	8
	3							
	5			7	1	4	9	
		1						
	4	1				8		
	3		8	9		1		
	9							6
6			2	3				1

#195 MEDIUM

							2	9
7				9				
	3			8	4			
	1		9				7	5
4					2	9		
3					7			
				7	5	4	8	
8	2		7	1				
					2			7

#196 MEDIUM

	7	9						
	3					2	5	
	5		2					8
	9		5					
5		6	8			7	9	
	3		7				1	
		4			8	6		
			4					7
6	5		1					3

#197 MEDIUM

					6			
		4	5			9	3	
8		1						
	7	8		2				
	5	2			7		8	
			2		1			
	6	2		8				
		3		1				
7			9	4		5		

#198 MEDIUM

	1		7		8	6		
		5			9			7
	4			3				
2			1	6				
9			4					
		5				1		
	3		8		9			
	7			5				
	4							5

#199 MEDIUM

		4	1					
						5		
		7			3			9
				4				
					9		5	
		1		3	7		8	2
		5	4	6			9	3
	8	3						6
			7			2	1	

#200 MEDIUM

5						8		2
	5				7			6
		2		8				
1		6						
		3	7		2			
	2	4				7		3
4		5				6		9
		1						
9				2	6	5		

#201 MEDIUM

	1	2		6			8	
		3	6	4				8
				1		5	2	
		6	2	7				
	3	9			7			
						3		1
6		5			3	2		4
					8			
	8	1						2

#202 MEDIUM

			9		1			
			7		2			
9		7		2	5	1		4
3				8				
	2	4				9		
			1	4	7	6		9
		5						
	9		4				7	8
5	7		8					

#203 MEDIUM

8								4
	2		1					6
		5		2		9		
3			8			2	6	7
4								1
						4		
							7	8
	4			6				
	7			1		4	2	

#204 MEDIUM

			5				9	
		6	3					4
	2				4	8	1	
		4	1	6				
			9					1
3		2						7
				4		2		
				9	3	4		
	7	3		2				5

#205 MEDIUM

		9						1
6	3	1	4			2		
	5		3					8
		8		2			6	
			1					
	1						7	4
				9	4			
					2		5	
7			6	1		5		2

#206 MEDIUM

3		6				1		9
7				6	8			
1		4	6					2
			7	3		5		
2		5				7		
6	1					8		
					3	6		
			7				5	
				1				6

#207 MEDIUM

			3			7		2
							3	
7	1				4			
9						8		
			8	6		2		
		4			5	3		
			1					
	3			9	6			
			9	2	8	6	1	

#208 MEDIUM

9				2	4	8	1	
		1			7		9	
								5
	1	7			3		2	
6				7		1		
	7		8					
2					1			
7	9					3		4
				4	2			7

#209 MEDIUM

5	8	3					7	
				5		8		4
		1			5			
		6		8				
		2			6			
7				1			3	
	3				7	2		8
		2		7	4			9

#210 MEDIUM

		6						
6								1
7				3	4			8
1		5					2	
	8		3	5				6
8				1			4	
		8		4			3	9
						3		7
3			4		7	8	6	

#211 MEDIUM

8			4		2			
5			1			4		6
	4		6	7			9	
			9	3				5
3								1
	8							9
1		6	3					
		7			6			
9	3		7					

#212 MEDIUM

	5					4		
2		4	8					
					7			
7		2					9	
	1				2			
				1	5			8
	7		4			8		
8				7			1	3
	2	3			9		4	

#213 MEDIUM

	3	4		9	5			6
	8		5					1
	1	6		8		9		3
			3					
	9				1			
6						1	5	7
	5					9		
	6	5						
9	7				3	8		5

#214 MEDIUM

	9		1				2	
			3					5
	7				5		3	
		1			8		5	4
2	1			8				
8	3		5			7	6	2
7			9				8	1
				1	8			

#215 MEDIUM

			6	8	3	5		
8			1			5	9	3
	5							1
	9		4					
			3	6		7		
2	4							
7			6			4		
6			1		4			
4				1		6		

#216 MEDIUM

			2					6
4				2				
	7	9	4				2	8
	5					7		
2		4						5
	3				2			7
	8				9			3
1			6		8			9
			5					2

#217 MEDIUM

9		6	5			1		
3	5							7
6	4		9					
			8		2		3	
		2	6	4				3
5			1				9	
	6					9	8	
	2							
					5			1

#218 MEDIUM

	9		7	3	8			
8						2		4
		7						8
6			2	4				
			3		4			
			5					1
			8	2	6		7	
		2				8	9	
		6	4					

#219 MEDIUM

3			5	7				
		3		1				4
		8			7	5	3	
					4	7		
9		5					4	2
	6		4					
2	3		1		9		7	
			4	3				6

#220 MEDIUM

		7	2				8	1
				1	4			5
				6	9	2		
	9			7				
						2	1	6
		4						
			1		5			
1	5	6	8					
	9							2

#221 MEDIUM

			3			7		
			1		8	7		
8	1		2	7				
					5		8	
3			7		6	5		
	7							
4	5	3		2				
		2				9		
		8	5				7	

#222 MEDIUM

			7		2			3
3			7					
8					3			
		2	1	3	6			
					6			
6			3	5		9	2	4
			9	6				8
	6					4		
						6	5	

#223 MEDIUM

6			9		5		3	
				1	7			
	7	1						
		6	4		9	1		
	4					7		
	5	8	1	7	4	6		9
7								
8		5		2				4
				1				

#224 MEDIUM

						9		
		9	7		5			
		8	5	9		4	7	
						8		
		7					5	
			5		2	4	3	
		8		6				2
5				4				
	4		2		9	7		

#225 MEDIUM

5		4	7					
	5	6						
4	9			8	7			
		1						
8	7				6	5		
								1
		5			8	9		
3	1		2					7
	7			4				

#226 MEDIUM

6						2	4	
7	1	8			6			
3					8			
				5				
							7	5
	7	4		6		3		8
1				7				
		5	6	2	7		9	

#227 MEDIUM

8			2					
			7		5			
				4		7		
	8		3	7				
4	2					5		
6					3			
			6				9	
7	6	2			3			5
9		8			2	5		

#228 MEDIUM

				1				
7		2		8		6		
					9		7	
	4					8		
3			7					5
4		1		2	7			
	7			6	3	2		
	8	9		5		7		

#229 MEDIUM

	4		7		1			5
			5	3			8	2
5					9		1	
			4	1	7	3	5	
		8		4				
7			3				9	8
	9			7				
			2			7		

#230 MEDIUM

9			4	3		6		
	8			1	4			9
						1		
			9			8		
		6	9	4			2	3
1	3	5			2		8	
								5
				9	3			1
6							1	

#231 MEDIUM

						2	1	
					8			9
	7					4		3
1		5	2	4		9		
4			9					
5					4		3	
			4			7	2	1
			7			6	9	
				2				4

#232 MEDIUM

9						5	4	1
5			1					
		6					2	
		8						
		9	2			3		7
			6		2			
4	8		5			2		9
			4	9	8		1	

#233 MEDIUM

			1		3			7
5		3				1		
	8		9				3	
	9	2	4					8
3								
7					9	1	2	
	5	1				4		
				5				
	1					8		

#234 MEDIUM

4			8					3
			6		7	9		8
3	6	9			4			2
	2	7		6				
9				1	2	7	6	
						8	1	
6				8				
	8	3						9

#235 MEDIUM

6		1			8			
				6		4	3	
		2		9	4			
1	6		5		2			
	7			2	1			
		2			7		8	5
			5					
							4	
				5				1

#236 MEDIUM

	4					5		
				2				8
			6					
	2					8		
				6	2			
7			1	3		9		2
	3	9		8	7			
	8				1	4	3	7
	9	2					8	

#237 MEDIUM

	3		8		5	9		
			9		3		8	6
						3		
	2						5	
3			6	4		1		
	8				9		6	
	1	2		8	7			
			3		1			
	5		7			4		

#238 MEDIUM

			7	3	8			
8			5				7	
		2			3	9	8	
				6			4	8
			1		9			
			9		2			5
2	8					7	1	
3								
6					7		9	

#239 MEDIUM

							2	
	9	5			6	3		7
				7			4	
7	3	6		1	9			
1				5		9		3
		9						
5	4							2
8					3	6		
		1		3			7	4

#240 MEDIUM

7						3		
	6							
6		1	3					
	1			4	9	7		
5								
9				6				5
	9	7					1	6
1	2	4			8			
					2		9	

#241 MEDIUM

7	8	2	5	4		1	3	9
	2				3			
								6
3								5
		6			8			2
			4			3	9	
			2			8		
			7		5	6		
	6							1

#242 MEDIUM

2	9	3					6	
			1	6			8	
	5			7			4	9
	3	7	2		8			6
6								
3						1		
	7	8		1				2
	6			3		4	7	

#243 MEDIUM

			9	5				2
6						3		9
3		2			9		4	1
		1			2			5
	3			2	1			7
1	8			6	5			
			2			1		
2			1					6
							1	

#244 MEDIUM

		7	4					2
			5		7		4	
6		5					7	
8			7	4			6	5
			3					
	3							
				1				
			8	6		2		
4		2			5	8	1	6

#245 MEDIUM

3	9							
4	6	2	5					
	8	3	1			4		
	3		2	5				
9	1	6	8					
			8	3		2		
	5	7						
					5	9	7	6

#246 MEDIUM

		5			8	4	
4		9	7	6		2	
		3			7	9	
	3		2				
	4		9		2	6	
7							8
5					3		
					4	8	
		8	2	6		3	

#247 MEDIUM

```
. . . | . . . | . 4 1
. . . | 2 6 . | . 3 .
. . 5 | 3 4 . | . . 6
------+-------+------
. 7 . | 1 2 3 | . . .
7 . 4 | 9 . . | . 5 .
. . . | . . . | . . .
------+-------+------
. . 1 | 7 . . | . . 3
6 . . | . . . | . . .
. 1 7 | . . . | . 9 4
```

#248 MEDIUM

```
5 . . | . 1 . | . . .
. 5 . | . . 3 | . . .
3 . 8 | . . . | . 2 .
------+-------+------
6 9 . | . 2 . | . 1 .
9 . . | . . . | 6 5 .
8 . . | 5 . . | . . .
------+-------+------
2 8 . | . . . | . . 1
. 3 . | 6 . . | 9 . .
. . . | 8 6 . | 4 . 5
```

#249 MEDIUM

```
. 2 . | 8 . . | . . .
. . . | 3 . . | . . 1
6 . . | . 8 . | 5 2 .
------+-------+------
. 3 7 | . . . | 9 8 .
. . . | 9 7 . | . . 6
. 5 . | . 6 . | 8 4 .
------+-------+------
. . 8 | . . 4 | . . .
8 . 1 | . . . | . . .
. . . | . . . | . 8 .
```

#250 MEDIUM

```
. . 4 | . 6 . | . 5 2
6 9 . | . 2 1 | 4 8 3
7 . . | . . . | . . 4
------+-------+------
1 . . | . . . | 3 . .
2 4 . | . . . | . . 1
. . . | . 2 . | . 7 .
------+-------+------
9 . . | 4 . . | 6 . 5
. 7 . | 2 . . | . . .
. . . | . . . | . . 9
```

#251 MEDIUM

```
. 6 . | 4 . . | . . 5
. . . | 2 . . | 9 . 8
4 . . | . . . | . 7 2
------+-------+------
6 . . | . . 5 | . . .
. . 4 | 7 . . | . 2 6
3 2 . | 8 . 5 | 1 . 7
------+-------+------
. 4 . | . . 3 | . . .
7 . . | . 2 . | . 9 .
```

#252 MEDIUM

```
9 . . | 1 . . | . 5 .
. . . | . 3 . | . . .
. 1 . | 8 . . | . . .
------+-------+------
3 6 7 | 4 . . | . 2 .
. 4 . | 6 . 8 | . . .
. . 2 | . . 4 | . . 6
------+-------+------
. . . | . . . | . . .
1 8 . | . 4 . | 3 . .
. . . | 8 2 . | 6 . .
```

#253 MEDIUM

				1				
8		5					6	4
	3							
			6					3
		4						9
			1	4			8	
		6	8			3	4	
1		3	7	5	6	8		
6		8		9				

#254 MEDIUM

	4	6		8				
			2	9		7	4	
	9					1		8
				1				
4				2		5		
	1							
			8		4			
		2					8	
2			9		8		1	

#255 MEDIUM

	1			2				
	6		5					
1		3	2	9	7			
	5			4				3
6		9			2			
3			6					7
		2						
			8					
7					6	4		

#256 MEDIUM

		3	7	1		9		
		8				6		
			4		7		2	6
7			8					
5	2		6					7
			3		1			
9						2	1	8
6					9		5	
3								

#257 MEDIUM

8	6	4						2
4		3						5
	2							
	9		2			4	8	
			6	4				
		6						
6	3	2		7			5	
7								
	4	5				2	6	

#258 MEDIUM

			9		7		4	6
5	3						2	
			4		6	1		8
	6				5			
					6			
		9		2	5			4
	7		8		3			5
	7							
			5			9		

#259 MEDIUM

7			8					
		4	8					3
				5		7		
	2		7			1	9	
	9	7		4				
8		1	6				5	7
			6		5		1	
4			7					
	7	6				8		4

#260 MEDIUM

			9		5			
7	2	1					5	
	3		7		6	4		
		2			3	9		
		4			1		8	5
								8
		6	8					
4				6			9	
				5	8		4	

#261 MEDIUM

7			8					9
		2		5		7	8	
			5			8	9	
	7		2					1
		8		7				
				1		6	5	
			9	3				7
		7	5					4
	4	3						

#262 MEDIUM

				3				
		2						
		7	1					5
	3	2						
3			4				1	8
	1				6			
	4			2	8			
	7		8	5				2
	8		6					9

#263 MEDIUM

			9			2		
					7	8		
	4			8	5			
7						1	5	
1	8			7	2			
				7	2			
5	7			9				
	1					5		
	5			7	4		3	

#264 MEDIUM

			6	8	5	4		7
8	6		7	3				
1			9			3		
5				6				
							4	2
	8							6
	2	6				9		4
			1	4				
4					5			

#265 MEDIUM

7					6			3
	3					4		
9					4			
	5							
		4		3	8	5	1	
								9
				8		7	4	
	2				7			
5	1		7		9		8	

#266 MEDIUM

		7						
	8							
3						9		5
1		5	6				8	
					3			4
8	2	9				6	4	
	3							1
5			4	8			1	2
4		2		1	7	3		

#267 MEDIUM

		5	4		9		6	
		9			6	5		7
	7				2	6		8
			5			9		
		8	2	9				3
			8					
	6			8				
		7					1	9

#268 MEDIUM

7					5	2		
		1					8	
		6						4
		3		8		5	2	
			8	6			7	2
	9							3
	4	8	7					
3	6	7						
	2		1		3	6		

#269 MEDIUM

	4						5	
			7	3				
			8		9		2	
		6						
	2	3	9	1		8	6	
9		4	8					
7	2			5	9	3		4
		9	5					1

#270 MEDIUM

		9				4		6
		3				7		
	8		4	6	2			
				4	6			
2		6	8	3				
						8		
	5	7	6		1			
	1	4	8	2				
	2	7	9	1				

#271 MEDIUM

		6	3		2			
					3	6		
3					1			
8	1		9					
		8	7	3			1	
	6					3	1	
						2	8	
9			8		1		4	6
	4		1					9

#272 MEDIUM

	8						4	
			5	7				8
1	7							
				9	8		1	
7		5				4	8	
6		4	3		7	1		
9	3					6		
2	4		8					
			3		6			

#273 MEDIUM

7			3	9	6	5		
		8						
	5	2				3	7	6
			8			1		
1					7			8
9						4		
		1			6	3	5	
5			4					2
3				5		8		

#274 MEDIUM

				9		7	1	
6			5		7	1	4	
				4		8		
	1	2	5				7	
		7	1			5		3
2				3		9		
								7
		4					3	5
7								

#275 MEDIUM

					2			
				9				7
			4	2		7		
4	7	8				9	3	1
3		4	1			5		
			2	7				
				8				5
	6			3		7	9	4
						8		

#276 MEDIUM

				6				
	9		8					
1		8		9		7		
	4			3		6	1	5
		1	5			4		
		6		5			2	3
					6			4
5				4		2	3	7
				8			5	

#277 MEDIUM

	3	8				1		
		3		4	6	9	7	
2	6			9				
		5	8					
			3			4	5	7
			5	3	2			
				5				
	1		6	8	7			

#278 MEDIUM

	9				6	7		
	5		2					
	7			1	9			3
					8			9
		9	6		4			
	8		3			1		
				9			2	7
				5				
			8	4	7		9	

#279 MEDIUM

	5		1					
6		5			8			
1		6		3				5
4			6			5		2
9		8	5		2	1		
				8			2	
				4			5	
		4	3					8
8	1	9						

#280 MEDIUM

		5	3					
6				4				
				9	5			
4	5	7		3	2			
3				7	9	2	8	1
		9		2		1		
2			6					4
			8		3			
				4				

#281 MEDIUM

		7			1			
8	5	9					4	2
			2	9				
	7	3	9		4			
				8				6
	1	2		4			8	5
		4			8			
		8		6			1	

#282 MEDIUM

2								
		3	1					
	9		4			8	5	6
			1		3			
	3	5	9					1
				9				7
	9					1		
	8		5		1			
	1		7	5		2		

#283 MEDIUM

						3	6	
	5					1	4	
		6			5	7	4	
	1					9		
		1	7					
		9						
8					7		9	
9	2		8					
1		7	4	6		5		

#284 MEDIUM

	2	8						
6	5			8				
	9	7	3	4				
						2		5
				5			4	6
5	8	2				3	1	9
		6			5		2	
4	3		8					
9	6			2				

#285 MEDIUM

		7		2		8		
6	7	2	3			5	9	
2								
		1	2		5			4
	5			1		9		3
		5			6			
		1						2
5							3	1
								8

#286 MEDIUM

			6		2			
4					3			
3			5	9				
7		1		2		8		
								5
			4		8			2
5				1				
6		9		8		7		
			4		7	2		

#287 MEDIUM

8	9	7			4			
			8					
	3	2			8	4		
		4	3		7			
3								5
		4						9
7		8	2					
	8	9	6	4				
		1			5			

#288 MEDIUM

		2	9					
9	2		5	8	4			
1		8			6	2		
		4	6	8				
		9			7			
	9						5	4
	7			4	9	2		
5					6	8		

#289 MEDIUM

		3	7				1	9
	7		5			1		
	6	9						
7								
	1			7		4		
			1				9	3
	9				1			
2				1	3		7	
	4	5						

#290 MEDIUM

	7						6	
3			2		1			
			3	9			5	
	6				8	3		
							3	5
2	4							
		7						
		3	8	4				
			4			1	9	3

#291 MEDIUM

	8	2	9					
1			3	7			5	
7	4				5			
4				8				7
			1				2	
				4			6	
9				1	6			
2			4		1			9
		5	6					

#292 MEDIUM

1		9	4	7	8			
	5		8		1	4		
9	8		1		2	3		
			6				4	
4			8	5	2	9		
				7				
								2
2	6				1			

#293 MEDIUM

	8	3				9		
9	5		6	3	7	8		
			1		5			
		5			3	4		
5						6		
					1	9		
	7							
			5	6	2		1	
	3	8				5		

#294 MEDIUM

		5		3			6	2
						1	4	
		9			8			
	2			8				6
			8	3	2			
	3		7	1	2			8
5							8	4
				5		3		

#295 MEDIUM

								4
	1			3	8	5	7	
	7			6		9		
	2				3			8
	5	6					3	
	4	5				1		2
	8	7		2				1
					4	7		9

#296 MEDIUM

3							2	
		2			1	3		
4								3
6	3			5		2	8	
	4	3	7					
					6			
				3	2		1	
9	2	8	5				4	

#297 MEDIUM

				7				
6				4			1	
	8	7	6				9	2
		1		8		3		6
1	7		2					3
							4	
7		8		3				
	4			1			5	
	1							

#298 MEDIUM

			8		5			
	7		1					4
				4			8	
			5				7	
7	9	2			8	1		
	8		9				2	
	2	3				6		9
						7		
			2		6			8

#299 MEDIUM

4		3	1	5				
		9		2		1		
5					1			
	2	8				4		6
3				8				
2			7	1	6			8
								9
7	6		9			8	1	

#300 MEDIUM

2				6			1	
	6	7	4		8			
1	7	3	9					
8						9		4
	1			9	7			
	3			8				
9		2		5	3		6	
						8		
3		1						9

#301 MEDIUM

		8	5		6			4
6	7		1	9				
	1		4			6		8
		2	9			1		6
	5					9		
4	2						5	9
	8	3	2	4	9			
								2

#302 MEDIUM

					9	2		
7	2	3		8		4	6	9
9		5				1		
		1	8		3			
					1			2
			1					
	3		7			9		
		7	9					

#303 MEDIUM

				8				
		8						
		3			5			7
8	9			5	6	1		3
	3			2		8	6	5
	5	7					4	
			6		5			
1		4		9			2	

#304 MEDIUM

4				5			2	
		3		7	4			
7							3	
6		8			9		5	4
			2					
1	6	2						
5	3		4			6		
9								2
2		6			4		3	

#305 MEDIUM

	4		6		7			9
	3				2	5		6
			7	8			1	
		4		5				
7			9	2	8		4	
2								
			2	3				4
		2				6		
	9				4		2	

#306 MEDIUM

1								
	3							8
	8		1		5	6		
	4		9		2	1	5	
		2	4	8				7
	7	4	1	5		8		
	6			1				
						4	7	3

#307 MEDIUM

			4					8
6		5						3
		1			6	3	5	
	1	4			8		6	
9					1		8	
1		9		5				4
		8		1				
2								
	5	6		3				

#308 MEDIUM

9				4	5			7
			5					
	2	3			7			
7				1				
	1						7	
8				3		1		
	7	9	2					
	5				6	7		
		1	6			9	5	

#309 MEDIUM

4			8		9	2		
			7	2				6
8		9				6	1	
				5		4		
				9				
	4		3					8
3		5		1		8		
5				2				7
	7				5			

#310 MEDIUM

		1	4				9	
2	3				4			
4	5			1		3	6	
		3	6			5		
		5						4
		2						9
		8	9			4	6	
6			2	9				3
		7		6				

#311 MEDIUM

		9	8		2			7
			5			4		
9			2			1		
		6	8			2		
		4	2		3	9		
	9	3			5			
		9						
		7						9
		1		8				

#312 MEDIUM

		7		9		3		
9						8	5	
8		3	2					7
			1					
	6	2						
		3	5	2				
1		9		6				3
	6			4				
		1	6	7				2

#313 MEDIUM

6	5		8	2		9		
8	2			4		5		
			3	5				9
			4			3	2	1
		4				8		
			5			6		
				8			3	
		2						5

#314 MEDIUM

			9		4	3	6	
3						1		8
	4				2			
2	9			6	5	8		4
					6		3	
			2			4	8	6
	4							
5		9	7					
	3	2						

#315 MEDIUM

						1		
	1			2	5	7		
		1	6	4	9	3		
6					8			3
				1	8	6		
					2	9	8	
8			4					
3							2	
5				8				

#316 MEDIUM

3	4				5			
			3					6
		6		2			7	3
		2			9			8
7				9	3		1	2
		5			2		6	
6						2		1
			1	3				

#317 MEDIUM

2		9			3			
				9	1	8		
		4	1	5				
	5				7	3	9	
				7			3	
				6	8			
4		6	8				1	
						4		7
6		7			5			

#318 MEDIUM

				4	9	8		
			7			3	4	9
		5	1				6	
6	7	4					8	
					7			8
9		1			4		5	
					8		1	
		2		1				
		2	5					

#319 MEDIUM

	5	8	9	7				
					6			
9	8		1					5
		1		9			2	
5				8				4
	3		8					7
	6					4		
2			5		6	7		
				1				

#320 MEDIUM

				2	6			
9							4	7
		4		5				
7	1							
	3		4	1	2			
	8			7			6	3
			8			5		6
						2	7	1
			7	9	1			

#321 MEDIUM

2				6			5	
		3		2			4	8
			9		5			
				4	3			7
		8				2	6	
4			8		2			
		2		1		8	7	3
7								
6						1		

#322 MEDIUM

			1		8	5		2
5	1			9		8		
					1	2	8	
	6	8	9		4		5	
			5					
	3	9		1				4
1			7	2				
	8							

#323 MEDIUM

		5		9				4
	4		5		6		1	7
7								
		7			3			6
	1		4			3		
	6				2	4	3	9
1	5		9		4		7	
		4		3				

#324 MEDIUM

					2		6	
	2		4	7	6			
		9	5		3			
9	7			3	8			4
			1					
2				9				
		6	8	5	7	9	2	
				2			3	
1			2					

#325 MEDIUM

		7				4	6	
			2				8	9
		8		5		1		
	3				2			
			3			6		2
6			1				7	
		9		3	4			1
2	9				7			6
	8				3	5		

#326 MEDIUM

			6		9			
		3			7			
			1		5			
9			8		2			7
						9		3
		7		1				
1	6	2						
5				3	7			
		3	9	4			7	

#327 MEDIUM

	5	8			2			
9						1		8
					6			
		2		5				
6		1						5
5				6	8	1	4	
			3		9			
4				5	8	7		
	7				4			

#328 MEDIUM

	3		6				2	7
		7			4			
	4						8	
	5		3				9	
7		6			8			
			1		7		4	
					1		7	
4	7	3	5		2		6	
	6		8					

#329 MEDIUM

1			6	8				
	7							
						9	1	
			5	7				
	6	1						8
	3	6		1		7		
6			2		1	9		
4	9		7		5		2	
			3	9				

#330 MEDIUM

					1			
								7
		2		5	6	4		
	4		1			2		
	2			4	8			
4								1
	5		8					
4		6			2	1		
6	3		4	9				

#331 MEDIUM

			6	2	1		4	
	8							
	9	5		3				
8		2	7	5		1		
						6	5	
			1			3		
	4							
	5	8	6	3				
		6	7		4			

#332 MEDIUM

						2	3	1
								9
					1			
		1				7	9	6
	9		7		2	4		5
		4	6	5				
	2		8	9				3
3	6							
9						8		

#333 MEDIUM

			1			4		
3								
			3	7				
		7			1		9	
	1	5	7		2			6
9		3	2				7	
6			5				3	
				8				
2	8			9				

#334 MEDIUM

	6			9	4	3		8
		9			2	8	1	6
	9		7			4		
			7	3				
			2				7	
	4	3					5	9
4	7			3		6		
	1							

#335 MEDIUM

4		7		6				
			4					7
7						6		
			3		7	4		
8				4			5	
				2	9		4	
					6	1		
		1	9	8			7	5
2				8			9	

#336 MEDIUM

	2							8
8		4	9	2				
3								7
9	6				5	2		
	8					1		
5				8				3
		6			1		7	
		2				3		
			1				5	

#337 MEDIUM

	6							5
		8			5			
	5							
			3			7		8
1			9			3		2
	1		2	5	3			
	4					8		
8		1					4	7
		3			7			

#338 MEDIUM

8	2			7		6		3
9		3						
			5		2	7	8	
6	3			1				
					6		3	
	7	2				9		
	8	5			9		1	
5							4	

#339 MEDIUM

				3		8	2	
	1			9		7		
4						2		
8	7		2					3
		6		2				8
						1		
	3		8					4
		2			4			9
9			6					

#340 MEDIUM

			6		2			7
4	7							5
	4			1			2	6
		8						3
			2			7		1
	8	6		7			5	4
		4						
	2				4			
7				6		2	4	

#341 MEDIUM

3					9			6
		2		8				5
					4	7		
			6	9			8	7
		9	1			6		
8	4			3		7	9	
2		7			6		5	4
7								
	2					7		

#342 MEDIUM

1		5						6
	1							2
	4	9						
2	8		5			9		
			8			1		
7								
	5			1		6	9	
	8	3						1
	9	6		3	8			

#343 MEDIUM

3			7	8				4
		5	9	3	1			
		8	2		6			
		4		6		1		
								8
	8	1						
4						3		
						5		
1	3							6

#344 MEDIUM

	7	9		3				
							6	
	1		6	3	9		2	
		5		4	1			9
		3	5	1		4		
3			8		2			
		1	7					
9			1		5			
	3		9					

#345 MEDIUM

		3		4	2			
	4			7	6	9		
	6							
9							2	
		5	4	2			6	
		9		7	6			
	2	7		9		8		
			3		1	7		
		1	9				8	

#346 MEDIUM

	3		5	4				6
	5		3		6			
		7	3		9			8
					8			2
							8	3
	9	6			3	2		
6							7	1
							6	
		8	9				4	

#347 MEDIUM

2			5			6		
	7							4
6				1	3	9		
		4			8			
4	6				5	1		
		2					3	9
	9	8						6
	3	9						
		6						

#348 MEDIUM

		5			3			
9	8					1	3	
3		2			8			
	3	8	5		6	7	4	
	9	4						
8	4	1			5	9		
							1	
2		7	9		1			3
			1	9				2

#349 MEDIUM

	7		3			1		2
				4		3		
			2					
2								
	2	5		9				
1	8	4	6	7	3		2	5
		3		8			7	
					2			
	1				6			

#350 MEDIUM

2		8			4	3	9	
		3						
7				5				4
	4	7	2	9				3
3		9				1		
		1						
	4							1
	9	5	7			1		
8						9	7	

#351 MEDIUM

	9	8	2				1	
	4			7	2			
					7	8	6	1
	8					6		
7								
	2			5	6		9	7
					2			8
	7	6						
							7	

#352 MEDIUM

	3			8				
9					4	8		
1		5		9			3	
				1				
		2	5					
	1	6			7			
	5						7	2
2	8		3		5	1		
							2	

#353 MEDIUM

8			6	2	5			9
	9	5						
			9			5		
		3		9			8	
		8	4					5
		1		5				
	5		7	1				
6	7				1	9		3
	2							

#354 MEDIUM

		1						
						7		6
2	3		7					1
			6					
4	8				6			9
		8	4				6	2
		2			9			8
	9			4	1	2		
3		4		1			8	9

#355 MEDIUM

			8	7	9			
2			9	3			6	7
5	9		3				8	
					8			
	2			6				8
		5				3	7	
				9			1	6
	4			5				
		6					4	

#356 MEDIUM

			7	3				8
		4			1	8	5	
		6						
4	1						6	
9				5	4		2	
				1				4
3			1	4		9		
7					5			9
	2			9			3	

#357 MEDIUM

4				1			
		7					
		6			5		
9				5		4	
1		3	9				4
	9		2			6	8
7		8		2			
8				9		6	1	7
		6		5	3			1

#358 MEDIUM

		3		6	8		
			9			3	
		9		2		6	1
				2			
5		4		9			8
	5						
		4	6		1		
	9	1	8		3		4
						7	4

#359 MEDIUM

8	3	4				2	5
		1			4		
		4	3		2		
						5	7
		3		4		7	
2	7			8			
	6			9	7	3	
	5						
				6		8	

#360 MEDIUM

6							
	2		7	8			6
	3	9	8	5	7	6	
	6	4				9	
					3	7	
			4				
1	9			8			4
		6					
	1	8			6	4	

#361 MEDIUM

5	9					6		
			4	6	1			2
6	3	2			8		1	4
								9
	7		2			1		
				7			5	8
4	5					9		
		5					3	
		9						

#362 MEDIUM

		8					6	
				2				3
	3							1
7	5	4		3		6		
9		3			1			
	8		7			5		
		9			7		2	
						4		9
3								6

#363 MEDIUM

1		7						
			2	7		1		
	9	1		4	5			
5	2	9			6		3	
		8	9					
3	1							
			5		3	9		
2			9	3	1	8	5	
			3		8			

#364 MEDIUM

3			5	7				
		2						7
6		9	7			5		2
7			1			9		
4			6					
	1			2				8
		3		9				
9						2	5	1
				8		4		

#365 MEDIUM

		6	9					
4	2	8				1		9
6					2			
		7			4		9	
			6		5			1
					2			8
			4	9	3			5
				1				4
5					9	8		

#366 MEDIUM

	5	2						
	3	9	7			2		
		5				6		
5		3		2	1			8
			4		5			3
7			5			8		
		6					3	
	8	1	3				5	

#367 MEDIUM

		6			1		8	3
		1			5		9	
5				2				4
	2	8			4	3	7	
			8	7		9		
4	9							
7						5		8
						1		
		5					1	

#368 MEDIUM

			9			2	4	5
	8			1		9		
					6	5		8
	7	6	2	8	4		9	
				8			1	
		8						
		2		4			8	
			6			4		2
	3	4	5					

#369 MEDIUM

				1				9
	5	4				6		2
4	6							
	8							
9				5			1	
	4	9						6
6								
8	3					5		1
		1	5			4	8	7

#370 MEDIUM

9					4			
	1						7	
	9			2			3	
7			2					8
		8	7			2		3
		9			4		5	
8				5	1	6		
			4		2			
	8				4			

#371 MEDIUM

						5	9	6
	5			1				8
				4		7		
8			7				2	4
	7	1						
		2			9	8	6	3
		5		6			8	
		9	3	2			4	7

#372 MEDIUM

9				7				8
		1	8		2			
					8		4	3
6				3	5			
5			9			6		2
		6			9			
		7	2	6				
2	8				1		9	
						5		1

#373 MEDIUM

7			9	3	2			
3	8				9			
4							1	
	1	4		2			6	7
9	4		5		6		2	
6	5	7						
			6					
		3					9	6

#374 MEDIUM

7					1			3
	1			9	8			
3	7	5	9		4	2	1	
	2	7						
						7		9
5		9			8			
	5					1		
			4					
9			7				8	

#375 MEDIUM

	1		4					8
8			5			7	1	
		3						
			6		3			2
1		5						9
			1		8		5	
					2	4		
		1		6			8	4
5		9						

#376 MEDIUM

			5		4		3	
						7		
6					7		9	8
			3	6	5			
			7			2		3
	4	6				9	5	
	1		9		2			4
			1					
	3							

#377 MEDIUM

3				1			9	
	1	9						
7		2	8			4		3
				3				
			6		2			
9								5
						4		
5	7	8	1					
2		3		5	7			1

#378 MEDIUM

3				9				
	7	5		8				
7	2					3		4
1	9				2	7		3
	3	7	2			4		
	1			3	7			
							2	
4					1			

#379 MEDIUM

		9						
	8							4
5		7						6
1		4	8	9				
3		2	9		6	5	7	8
	7						6	9
7								5
9			6		2			7

#380 MEDIUM

	9		1	2	3		6	
	3			1	9			
				9	7	8		
4			3					1
	6	3	7				9	
9	4							
	8							
			8	1			3	
			5				4	

#381 MEDIUM

		8		6	2			9
		5			4	3		
		6		7				
		9			7			6
3				1				7
				3	2			8
	8			1				
4	9				8			
	1			3				

#382 MEDIUM

7	8						6	
	3		5		4	9		
			7					
8	7	3						4
		5		3		7	1	
2		6	8					
	2	9					8	1
				2				
			9			8	7	

#383 MEDIUM

		8						6
6	5		2	3	1			
7	9		6				5	
				7			4	2
	2		8		4			
9			3					
1				8			2	9
8	6					1	3	5

#384 MEDIUM

		8						
1	5	3						2
3				6	4			
8		2				6	4	5
			6					
5	2			3		9		6
				2		3		1
	9							
6	7			8				

#385 MEDIUM

8		5		2	3		7	4
3	1		2					
					6			7
			7					8
	7	9	8				2	5
	2			8				3
		6			8			
			3				4	1

#386 MEDIUM

	6				1			
		4				5		
				2		6	8	
	4							
			6		2	4		
9						1		
	1	9		5				8
	7	3						9
		6		4		9	2	7

#387 MEDIUM

	9		7	6				5
	3				4			
	4			5		7		2
3				9		8		
		3	2					
	1		9					
					4			
	5			1	4			
2			6			5		4

#388 MEDIUM

						7		
	5		1			9	4	6
		9		4		2	5	
2	3		6	5			9	
4	1					5	8	3
	4		9		1			
	9	4		7		8		
6				9				
				6				

#389 MEDIUM

		9		6	7	3		
		1	7			5	2	
			6					
3			6	8		4	9	7
	6		8	3				
2				3	6			8
	5			8				
		3		2				
				4				6

#390 MEDIUM

		5		7				2
1	4	9						
		7			1	8		9
7			1			4	3	
	9							
	1				4	6		
						3		4
					2			8
	3				9	2		

#391 MEDIUM

4		2					1	
	7		8					
9	6							
	1		3			5	6	4
		4			3			
						4		
			7			9		
			6	5	9			
5	3					6	2	

#392 MEDIUM

				7	9	8		
		5			6	7		
							1	9
					2			6
	4		3		8			
4					7			
7			1	2	4			
5				4				
8				7		5	2	

#393 MEDIUM

					6		3	2
					1	8	7	
2		9		1	3	7		
	6		7	3			2	
7	2					3		
								1
		3						
		7	1	2		4		
	7			6	5			

#394 MEDIUM

						1	4	8
6		3		8	5			
		2	5			8		6
		5			8			3
	3	1			7			
	6				9			
	9			7		5	3	2
1	2	8						

#395 MEDIUM

6		2						
			3	5				
					7		3	
				2		4		
	2		4				9	
	3		2		7	9		8
		7	5			3		
				6		2		5
	1					8		

#396 MEDIUM

				5	9			
							1	
2				1	4			9
		3				6		7
4	6	7		8				2
				4				6
1			3			4		
8			6				9	1
		2						

#397 MEDIUM

		6					8	
2				8				3
3								1
7			5		2			
4		8	6	1				
1		9		3		6		
	3				4			
			3				4	2
5			2	7				

#398 MEDIUM

			4	2				
			7			8		
		3	8	1				
						1		5
9		1	5			2	8	
	4	6		3		5	7	9
		9	8	7	6	3		
				9			2	1

#399 MEDIUM

	6	4		3	9	8		
		6				9		
9	2		1					
					5		7	
	9				6	1		
7	6			9			4	
		2	9				5	
		5	7		3			
				5				

#400 MEDIUM

				8	5			
3								
	1		4	5	9	3	8	
8				2	9			
4	2	5				9		
7								8
		2	6				3	5
			4				6	
								2

#401 MEDIUM

		7	1					
		3						
				6	5			
	1	3		5			9	
							5	
	5		9				2	
3	6			5			9	7
7				1	9			
	8		6	2	3	7		

#402 MEDIUM

7		8			4			
					6	8		5
8		2			4			
					9	1		
			9					
	1		8	2		7		
		6			8	9		
	8					3		1
5			4	1		6		

#403 MEDIUM

#404 MEDIUM

#405 MEDIUM

#406 MEDIUM

#407 MEDIUM

#408 MEDIUM

#409 MEDIUM

	7				8	4		3
3								6
			2			5	6	9
			9	6		8	4	
		8						
			7		9			
8	9			3			1	
		6					8	5
9				4				

#410 MEDIUM

					3		6	
1			3	8				
	5	3	2		4		9	
			8					4
	1	7	6			3	5	
6							3	5
	8			6	7			
4		1		7				
				2	6	9		

#411 MEDIUM

8	6						2	
	1		9			6		8
	2		1	8		5	4	
4								
6								
7	4	1				2	3	
			5		8		9	
				2				
	3		7		2	1		

#412 MEDIUM

1			6					
3		5				4	6	
					9			
	3		7					6
								9
	4			9	2			
	6	8	3				5	
			4		6			
		1			6			7

#413 MEDIUM

		9			6	8		1
				3				
			1			3		
			7					
	5					1		
	6	2			4	5		
	9			8		7		
		7	8				1	
4	3	8		9	1		5	

#414 MEDIUM

								5
								9
9			7	6			1	8
8	4			5		6		
3	8	9			5		6	
	1			8				4
			9			7		
		2	6	1				
	6					9		

#415 MEDIUM

3		4	1		7	5	9	6
				4				
		1			6	2		
			2		5			
	6					1	8	4
			3	6		9		
	1							
			4			7		
			7			6		5

#416 MEDIUM

		6				3		2
							5	
2		4		7		9		8
		9	3		7	5	8	
7			8		6	2		
		5	1	6				7
9								
							4	
		8			4	7		3

#417 MEDIUM

				2	9			
			5					7
		9	1		8	2	6	
				1				
					8			
8			2	7		9		
	9		3		1	7		8
1					2			
6		2				5		

#418 MEDIUM

		9	6					
	1		8		7			
		2			6			
		8				4		5
	4			8				
6	9		2	5		1		
	6	5			3	7		
					5	9	8	
3	8		4				1	

#419 MEDIUM

4		3	7					8
2					4			
		8				6		
		6		1			3	
							8	
9		1					5	7
		5			3			
1	5						6	
8		7			5	9		1

#420 MEDIUM

		3		4	5		9	
		6			9		1	
						7	2	3
					4			
2				3				
	8			6	2			4
	7		3		9			
	3				7	1	5	9
				7	4			

#421 MEDIUM

	4	3			7		2	
				5			4	8
		4	7			2		
		1			6			
					1		7	
1	3		9		4	8		
2	7					4		
		5						
		9			5			

#422 MEDIUM

				2				
1								
			6				8	
7		9	5	8	6	3		
5			4	9				
8	2	6					3	5
2					9			
		2		4				6
6				5		2		

#423 MEDIUM

9		2		3		8		6
	8	9		6		7	5	2
	1						7	5
1		7						
7	2	4			5			9
			5					
			7			9		
					3		7	

#424 MEDIUM

			2					9
					5			8
	6			7	9			
			5			2	1	7
	2							6
	7			1			3	
8						4	9	
7	8	2	4					
1			5			6	7	

#425 MEDIUM

					4			
		1		6		9		7
7				5				
8						1		
3		8	4		7	6	2	
9					5			4
				6		4		
1	7		2	8				
		9		2				

#426 MEDIUM

		6						
	7	4	8	6				2
	4				6	8		
			7	3		1		
			6			2	4	
						2		
		9		1	3			8
9				4				
1	2						9	

#427 MEDIUM

```
4 . . | . . . | . . .
. 8 . | 1 . . | 7 . .
. 2 . | . . . | . . 1
------+-------+------
1 . . | 2 7 . | 3 . .
. . 1 | 9 . 3 | . . .
5 6 7 | 1 . . | . . 3
------+-------+------
. 8 . | . . 5 | 1 . .
. . . | . 4 . | . . .
. . . | . . . | 6 4 2
```

#428 MEDIUM

```
3 . . | . . . | 5 . 8
1 . 4 | . 3 . | . . .
8 5 . | . 4 . | 7 6 .
------+-------+------
. . 1 | . . . | . . 9
4 3 2 | . . . | . . 6
5 . . | . . . | 8 . .
------+-------+------
. . . | . 8 . | . . .
. 5 . | . . 1 | . . .
. 7 . | . 1 . | 3 9 .
```

#429 MEDIUM

```
5 4 . | . . . | . 1 .
. 1 9 | 6 . . | . 8 .
. 8 . | 4 . 5 | . . .
------+-------+------
4 . . | . . . | . . .
8 6 . | . 7 . | . 9 .
. . 4 | . . . | . . .
------+-------+------
. 3 . | 5 . 4 | 9 8 .
. . . | . . 6 | . . .
3 7 . | 9 . . | . . .
```

#430 MEDIUM

```
. 6 9 | 2 4 . | . . 5
5 . 3 | . 6 . | . 7 .
. . . | 8 5 . | 6 . 3
------+-------+------
. . . | . . . | 7 . 6
. . . | . . 5 | . 6 4
. . . | . 7 . | . . .
------+-------+------
. . 1 | . . . | 3 5 .
. 2 5 | . . . | . . 8
. 3 . | . . . | . . .
```

#431 MEDIUM

```
. . 6 | 5 2 . | . . 7
4 3 . | . . . | . . 5
. . . | 7 . . | . . 3
------+-------+------
. . . | 3 . 9 | . . 6
. . . | 1 . 2 | . . .
3 . . | 9 8 . | . 6 .
------+-------+------
. . . | . 9 4 | . . .
8 . . | 7 5 . | 3 2 .
. . . | 3 . . | . . 8
```

#432 MEDIUM

```
. . . | . 3 . | . . .
. . . | . . . | 3 . .
. . 3 | 4 . 6 | . . 9
------+-------+------
. 7 . | . . 5 | . . .
3 . . | . . . | 1 . 6
9 3 6 | 1 . 4 | 2 5 7
------+-------+------
. . 1 | 2 . . | . . .
. . 9 | . . 4 | . . .
. . . | 1 . . | 4 . .
```

#433 MEDIUM

```
. 7 9 | 1 5 . | . . .
. . . | 3 7 . | . . 9
. 3 . | . . 9 | . . 1
------+-------+------
9 . . | 8 2 1 | . . .
5 . 1 | . . 8 | . . .
. . . | . 8 . | . 9 .
------+-------+------
6 5 . | . . . | . 2 8
1 . . | . . . | 2 . .
. . . | . . . | . 5 .
```

#434 MEDIUM

```
. 6 5 | 1 . . | 3 9 .
. 7 . | 2 9 8 | 5 1 4
. . 4 | . . . | . . 6
------+-------+------
. 1 . | . . 9 | . 6 .
5 3 8 | . . 4 | 1 2 .
. . . | 4 2 . | . . .
------+-------+------
. 8 . | 6 . . | . . .
. . . | . . . | . . .
. . . | . . . | . 8 .
```

#435 MEDIUM

```
. . . | 7 3 . | . . .
4 1 5 | . . . | . . .
. . . | . 4 8 | . . 6
------+-------+------
8 . . | 4 . 5 | . . .
. 4 2 | . . . | 3 7 .
. 8 . | . . . | . . .
------+-------+------
7 . . | . 8 . | 2 . .
. . . | . 5 . | . . .
6 3 8 | . 7 . | . . 1
```

#436 MEDIUM

```
3 . . | . . . | . . .
. . . | 2 . 3 | . 4 6
. . 7 | . . 2 | . . 9
------+-------+------
. . . | . . 2 | . . .
5 1 8 | . . 4 | . 7 .
9 2 1 | 6 . . | . . 7
------+-------+------
. 9 5 | . 6 . | 7 . .
7 . . | 1 . 9 | . . 2
. . . | . 4 . | . . .
```

#437 MEDIUM

```
4 5 . | . 2 . | . . 7
. . 7 | . 5 . | . 2 4
. . . | 2 3 . | 8 . .
------+-------+------
. . 1 | . 5 . | . . 9
. 2 . | . . . | . . .
9 . . | 4 . . | 1 5 .
------+-------+------
. 8 5 | . . . | . . .
. 8 . | . 9 . | . 6 5
. . . | 6 . . | . . .
```

#438 MEDIUM

```
6 . . | 8 5 . | . 2 .
. 2 7 | . . . | . 6 .
. . . | . . . | . . 1
------+-------+------
1 7 5 | . 8 . | 2 . .
3 1 . | 4 9 . | 5 . .
. . . | 9 . 1 | . . .
------+-------+------
. 4 . | 8 . . | 6 . .
. 2 . | . 7 6 | . . .
. . . | . 2 . | . . .
```

#439 MEDIUM

	3			8				
6			5			1	9	
8								1
1				2		5		
	2			4	5			
5				1	7			2
2		5		9	4			
	6		2					7
				5				

#440 MEDIUM

			6	4	2	3		
2		6						7
6	1		3					9
				7		6		
		4	5	1		2	9	
1	6			3	7			8
		2						
		3						

#441 MEDIUM

				4	1			
6								8
8				6				
					7	2		
	3			7		8		
	7	4		8		1		
2		7			4	9		
		1	3		8		9	
5		8		6	3		7	

#442 MEDIUM

3		1	9					
					3		2	
			8	9				
						2	1	
	7	8						
2				8		9		1
	6	9				3		
		5				4	8	2
	8		7		1			

#443 MEDIUM

	1			4				
6			9					
		2				9		
	2					6		
5		9	8		7	1		
		5				4		
		8	6		4			
	6			5	8			3
7		6	4					8

#444 MEDIUM

	7	5			4	1		
	9		2			8		
		8	6		9		1	
			3					
2	8		4					
		3	8	5				
					7		8	
8		4	7			2		
	5		7		9			

#445 MEDIUM

			6		1			
		1						
				5				
7	3			9		5	4	
2			7	3				
	7	5	9	2		4	3	
1		2						9
		4	8					
	4			9	8			2

#446 MEDIUM

					8		9	
	7			6		8		
9	6		4			7		3
				1				9
			1					
		6		3			4	
	9		5					
		2						
1		5		9	3			

#447 MEDIUM

	4	6			1			
		2	3			7		5
	7	3	8		9			
	3	7						
	5			3				
	6		5			9		
	1			8				6
				4				
					3	5		

#448 MEDIUM

			4		1			3
7					6			
			8		7	3		
	3	1		9	2	5		
8			2			1	9	
	9					2	6	
		4			6			
1								5
		8		2	4			

#449 MEDIUM

3	7						9	8
4	6			2	9			
		4					2	
				4			8	5
				3				4
				2		3		
				7		6	2	
				4				
	5	3	8				4	1

#450 MEDIUM

				1	4			
4					5			
	8		2					
7	5			6	9	4		
							5	6
		2		7				
	4		1	5			3	7
	8						7	4
		4			2			9

#451 MEDIUM

	7	6	3	1				5
1								8
6		5	2	7		9	1	
4								
					7	4	9	6
						5		
	6	1			3			
		3	4	9				
		4	7					

#452 MEDIUM

1							7	
6	7			3	9			
							8	
	6			9		4		
	8			1			3	
					5	8		7
	5	3	8		1			
			1					
	3		6	5	4	9	2	1

#453 MEDIUM

	3			4	5			
		8		6	7			
			6	7		1		3
	8							
1		7	5					
		3		2				6
2					5			1
9	1			8	6			

#454 MEDIUM

3	6		5			4		
				1				3
	5		3					
			4	9		8		
	2					5		4
		7						
							6	
		4		5	3		8	2
						7	4	6

#455 MEDIUM

8				2				1
	1			2	6	7		8
			1	4			3	
4								2
9								
					1	7		
	6							4
	2				1			7
		7	6			8		

#456 MEDIUM

		9			6	5		
	4		2		7			3
4	8	3	6	5				
		4			5			
	7	2					1	6
		7	5					4
	5				2			7
		1						8

#457 MEDIUM

```
7 . . | . 1 4 | . . .
. 2 . | . . . | 5 . .
. 3 . | . 5 1 | . 6 2
------+-------+------
. . . | . 9 . | . . 1
. 8 . | . 7 . | . . .
. 7 2 | . 8 . | . . .
------+-------+------
8 . 9 | . . . | 2 . .
5 . . | . . . | 9 . .
. 9 . | 8 2 . | . . .
```

#458 MEDIUM

```
. . 2 | . . . | . . 6
6 . . | 2 . . | . . .
. 7 . | . 1 . | . 5 .
------+-------+------
. . 6 | . . . | 2 . 5
3 . . | . . 7 | . . .
. 5 . | 3 6 . | . . 2
------+-------+------
1 . 9 | . . . | . 8 .
. 3 . | 1 . . | 9 . .
. . . | 6 . 7 | 4 . 9
```

#459 MEDIUM

```
1 5 4 | . . 8 | . 2 .
. . 3 | . . . | . 4 7
. . . | . . 6 | 9 . .
------+-------+------
. . . | . . . | . . 2
. . . | 7 . . | 6 . .
8 . . | . 2 . | . . .
------+-------+------
. . 1 | . 3 . | . . 6
. 9 6 | . 1 . | . . .
. 3 . | 2 . 4 | . . 8
```

#460 MEDIUM

```
. 1 . | . 4 6 | . 8 .
. 3 . | . . 6 | . . .
. . . | . 4 . | . . 8
------+-------+------
. 9 . | . . . | . . .
. . . | 3 . . | 1 . .
. 5 . | 4 . . | 8 . 2
------+-------+------
. 2 . | 7 . 3 | 4 . .
. . 7 | 6 . . | . . 4
3 . . | 5 9 . | . . .
```

#461 MEDIUM

```
. . . | . . . | . . .
7 . 1 | . 9 . | 6 5 8
. . 2 | . . . | . . 7
------+-------+------
8 . 5 | . . 9 | . . .
. . . | 2 . . | . . .
5 . 4 | . 1 . | 9 3 6
------+-------+------
1 . 9 | . . . | . . 5
. 3 . | . . . | 8 9 .
. . 7 | 8 . 3 | . . 4
```

#462 MEDIUM

```
. 9 . | 2 . . | 7 . .
. . . | . . . | 1 . 9
. . . | 7 . . | . 4 .
------+-------+------
. . . | 8 2 . | 6 . .
5 . . | . . . | 9 . 1
9 3 2 | 1 . 5 | . . .
------+-------+------
. 5 . | . . . | 8 9 .
. . . | . . . | 5 . 3
4 . . | 9 3 . | 2 7 .
```

#463 MEDIUM

3							8	
								7
7			4	1	2	8		
					6			5
4								
		3	5		9			2
			8				6	
				2	5	7		8
6	7	4					1	

#464 MEDIUM

				1	6	5		
		1						3
		8		7	3			
			8					
					3	6	7	
			9		8	7	6	
2	8	3						4
	4		9				2	
	9			2		4	3	

#465 MEDIUM

	2		1			8		
		5				9	4	
		7		4		3	1	
	5	8	4		3			2
9	7	2			4			
			5	8				4
	8		6					
	4	3				7		8

#466 MEDIUM

			4		2	5	8	
4								
		1						
					3			2
5	2							
	4			8			2	
8		3		2				
7	9	6		3	5			
1		2		9				

#467 MEDIUM

								7
					9			
						1		
	3	6			7			
7				5		9		
3	5		9	8	6	1		
	1			7		2		
		1		4		7		
		2		9			5	8

#468 MEDIUM

			1					
4		1				9	6	
			6	5				
		4						
	5	2				3		1
	3			9		7		6
1	9		7					
	9					8		3
			4	2				

#469 MEDIUM

			2	8		9		
6					3			
							4	6
		3		7				
7	9	2				1		
		8		2	6			
		9						4
	5	4					3	2
8				2			9	

#470 MEDIUM

			1				8	
		7	9	5	6			
		7						
				9				
1		8	9			5		3
		3				1		
	6	2		5	3		9	
		3				9		
		9	6	4		2		

#471 MEDIUM

8			7	6	9	5		4
7	9				8			
							7	8
5				1				
		6		8	9			
1		9		4	6	7		
						6		
	5	8		2				

#472 MEDIUM

	6	8	1		7			
1		3						
8				5		3		
		4		2	7			5
	4							
		9		7		4	1	
	3	1		8				
		2	3				9	
4					8		2	

#473 MEDIUM

		6		1		7		3
		1			5	3		
6	3		2					
		8	7		3			2
	9			7	4			
	8	2						7
				2		8		
7		9		4			3	1

#474 MEDIUM

3				9		1		
7		3		2			1	9
	9		2			3	5	
			3	5		4	6	7
		8						
	6		1		2	8	9	
								6
						4		

#475 MEDIUM

		1	4			6	7	
					8			4
7		6		4				3
		4		8			6	
	2							
		8			3			
	9							8
2		5				7		6
	4			5	6			9

#476 MEDIUM

9				8	1		5	
					9			
1	4						8	
			3					
	7				5			6
5	1			7			4	6
2		6		5			1	
					9	7		
	3		1					9

#477 MEDIUM

4	5		7	8		6		
7	6			3			5	9
8								3
	4							
		1			5			6
	9					7		1
							2	
				2	8	5		
					6			8

#478 MEDIUM

9	7			8				
								8
		6				5	9	
1	8							
4			9		1	7		3
	4	3				8		
		4			6			5
3		7				4	8	
6								2

#479 MEDIUM

4		6		2		3	9	8
			9			1		
	9	4			5		6	
	6	2					8	
		3		7	1			
9						4		1
	3	1			8		7	
							5	
	2			9				

#480 MEDIUM

		5		6				
			4	5			7	
8							6	2
			3					8
2		7	8	4				5
	9			2	7		4	
		6	1					7
1								
	3		7					

#481 MEDIUM

9	4			6	2			
7			8		4		3	9
			3	5		9		
3					6			
				1				2
	9				7	4	3	
								5
2	8	4	1					
			2					

#482 MEDIUM

			1					
					6	7		5
3				9				
6	5	9				1		7
4		5						
		6	7	8	5		3	4
				1	3			
			7	9	4			2

#483 MEDIUM

		3						
				6	2	4	8	
			5	8	7		6	
		4	2			6		
	6		1		5			
6			7					5
	2		1					4
			2					7
							9	

#484 MEDIUM

4					3			
8	9	4	3	7				
		6	8				2	
				5				
	5			2			1	9
7				6				
3		7	5	9				6
			1		5			
	3		6			7		

#485 MEDIUM

		8	4				1	
8		7		1				
5		2			4			
		7						
		2	8		1			
	2		3	4				
3		8	6				7	
	7		9	6		1		
		5						

#486 MEDIUM

9			3				8	
				9				
						1		
					2		7	9
	6		8	5		1		
	9	3			5			
8		7	9		4	6		
					1			7
	2	1	5	6				

#487 MEDIUM

					3			
			6	3				4
7			3	4			2	
4		1	5					
8	5				9		6	3
6							8	5
	9		8	6	4			
	4				8			7

#488 MEDIUM

	4						3	9
8				1			9	
1			8		6			
				4	3	8		
			7				5	
	3		1	4				
5				9	2	1		
	6		5					
				8		7		

#489 MEDIUM

	2							1
		6	4		2			
9			6	3				
		9	8					4
	3			9				
	4					5	1	
4		3				1	7	9
			2					
					6			3

#490 MEDIUM

		2	5	9	3			6
			4		2			3
3						1		
		3	1		4	2	9	7
				5	7	9		
			3					
		5			1			
	9			3		4		1
2	1					3	4	

#491 MEDIUM

		4		3	2	6	7	
6					4		9	
					8			9
1			5		6			
				6			1	
				5				
4			3					6
		6	7			2	8	
		6				7		

#492 MEDIUM

	6			2				
					3			
6		1		9	8			5
8	5	7		6			1	
1							6	9
4	9			1		8	5	
				8	6	9		3
		7					3	
					5			

#493 MEDIUM

4			6	2				
	7		5					6
1		7				2		
				5		1		9
9	8		7			4		3
		8		4		7		
	2				8			7
							2	
	9			7		8	3	

#494 MEDIUM

2			5	8				
			6	8	7		3	2
				5				
	1			5	4			
	7						9	
5		6						9
	4	7	5		1			
1	8			2		6		
			9					

#495 MEDIUM

			9			3	2	6
		3					1	
						6	7	
		5	6	2		9		
7			5				3	
	1	9	7	4				
	3		8	5	9			
		3						

#496 MEDIUM

		9					1	6
			1					
				1		8		
		1			5		7	
	2			6	1			
1		8	2	5				
	5	6				2		
		1	5			8		
	1	4			7	3		

#497 MEDIUM

								5
	6				7			
	9		4				2	
6			8	5			1	
8	4		2		5			
	7	3	5			6		
3			6					
2		8	6	9		1		

#498 MEDIUM

4						7	1	
6		4	8					
2			6	5			7	
7		6			3			
1			4			2	8	
			9				5	
	4			1				
8								
5		7						

#499 MEDIUM

```
. 7 . | . 3 2 | . . .
. . 2 | . 7 3 | . . .
. 5 . | 3 . . | 2 . .
------+-------+------
. . 1 | . . . | . . .
2 . . | . . 7 | 6 . .
9 . . | . 4 . | . . .
------+-------+------
. . 7 | . . . | . . 9
4 . . | . 2 . | . 8 5
. . . | . 8 5 | . 7 .
```

#500 MEDIUM

```
9 . . | . . . | . . .
. 4 . | . 8 . | . 3 1
. . 3 | 5 . . | . . .
------+-------+------
2 . . | . . . | . . .
. . 6 | 9 . . | . . 2
4 . 2 | 1 7 . | 6 . .
------+-------+------
. 2 . | 7 6 1 | 4 . .
5 1 . | . . . | . 8 4
. . . | . . 7 | 2 . .
```

#501 MEDIUM

```
1 7 . | . 6 . | 9 . 4
6 . . | . . 1 | . . .
. . . | 5 . . | . . .
------+-------+------
. . . | . . 6 | . . 7
. 3 . | 2 8 . | . 5 9
. . 8 | . 2 . | 5 . .
------+-------+------
. 9 4 | . . . | . 8 1
8 . . | . . . | 9 . .
. 2 . | 7 . 5 | . . 8
```

#502 MEDIUM

```
2 . . | . 4 3 | . 5 .
. 6 5 | . . . | 2 . 4
. . . | 1 . 8 | . 7 .
------+-------+------
7 . . | . 2 . | . 3 .
. 2 7 | . 3 1 | . . 5
. . . | . 8 . | . . 1
------+-------+------
. 8 . | . . . | . . .
. 5 . | . . 1 | 9 . 8
```

#503 MEDIUM

```
3 . 8 | . . . | . . 9
. . . | 1 . 4 | . . 5
. 4 . | . 8 . | 7 . .
------+-------+------
. . 2 | . . . | 4 6 .
. 8 4 | . 6 . | . . .
. 7 . | 4 . 9 | . . .
------+-------+------
. . 6 | . . . | 5 . .
. 2 . | . 3 . | . . 1
8 9 . | 3 2 . | . . .
```

#504 MEDIUM

```
. 2 . | . 6 . | . 9 3
6 9 5 | . . . | . . .
. . 9 | 6 3 . | . 2 .
------+-------+------
4 . 3 | . 1 . | 5 . .
9 8 1 | . . 4 | . . 6
. . . | . . 9 | . 3 .
------+-------+------
. . . | . . . | . . 4
. . . | . . . | . . .
8 . . | . . 3 | 4 5 .
```

#505 HARD

7								
	4	1			8			
			9		6			
8		5						
						3		4
		3			7			6
	6		7		4		2	

#506 HARD

					5			9
			4				1	
				8				
1					8			
	7	3						
	9	6			4			
9		5		4			7	
	1	5				3		
8								

#507 HARD

				2			3	1
5			3				8	
		7		9	3			
4								
7								
	9		8					
				7	1			
		3				6		
8				9				3

#508 HARD

	2		5			7		
	6			7		3		5
							9	
						8		
			3				4	
3		1	9		2			
			6	4				
2								
			1					

#509 HARD

4								
3		7			1			
				4	3			
			4					6
	9							
						2		
8			3					1
		6	2			8		
				1			7	

#510 HARD

			4	6				9
1				2			9	
						4		
				4		3		
5						3		1
			5				8	
	9							
6								
7	4					1	6	

#511 HARD

1	5						7	
					5			3
2							9	5
5	2				1			
3								
	4						5	
			4					
		6		3				9
						1		

#512 HARD

6			1				9	
8			7	4				
						2		4
								5
		4		5				8
							7	3
	6						4	
	2		8			7		

#513 HARD

	7							
			5				3	6
				9		4		
5				7				
		8		2		9		
		6						
8	1		2					
		8			6			5
	2					6		8

#514 HARD

8							4	
			6				2	1
			1				8	3
				8				
			4			7		
	6	3			9		5	2
4			5					
2			4			9		
			3					

#515 HARD

	6							
				1		2	8	
				6			1	
		9		4			6	
					4			
		1		7			5	
	9		3				2	
			7	8				
					9	1		

#516 HARD

			2				1	9
		9						
	2					8		
4		3						
							8	7
								2
			2		9			
5	3				2			
	9	7			1		6	

#517 HARD

				3				
5			4	8			9	
2								
	6			5			8	
			9		2	5	4	
						6		
7							3	
		1		7				

#518 HARD

		3						
					6			
	2			9	6			
	8		7		5			
7		4		2				9
	6				2			
			3			8		
4	3				7	2		
						4		

#519 HARD

3				7				
		3		9		5		
					1			
			5		8			
2					7			
		4		3	6			
		6		4				8
4								
				4	9			

#520 HARD

			1		4		7	
1	5		2		6			
					9	8		1
		1					4	
		5	9					
	2		5	4	3	7		
8	7							
							6	
6								

#521 HARD

5			1					6
1		4	2		7			
			3	9				
			5	3				
9		7						4
					2			7
			7					
							8	
	6				5			

#522 HARD

			3					2
	2		8			9	1	
					5	2		
5	1				9	8		3
	9			7			8	
2			1		7			4
	4				7			
		1		4			5	

#523 HARD

2								
	9							
					8			
	6	5		1				
4		8			2			
	8		3				5	1
9								
	3			4	7			
			4					8

#524 HARD

								4
						9	5	7
			5					1
9		4						5
		8		4				
						1		9
			6	7				
	2						1	
3				1				

#525 HARD

			8	3		4		
4				2			5	
								7
		6	2					
			4			2		
		9		8	4		3	
8		4			5			
	9							

#526 HARD

		1	3			4	2	
4			6					3
				4				
2			7					5
							8	
6		3						8
	5	8		6				4

#527 HARD

			5	9				8
	9		3		7			
		7	9			4		6
	1			4				
					6			
5		2					9	
				7			3	
			1					

#528 HARD

		6		3	4	7		
1	7							6
							9	
					9	1		
					2		7	
			5	8				
		2			1			5
		8						
		4					3	

#529 HARD

2			9	7				
	8				2			
							7	5
			9					
	5	4	6			7		
								1
			5		9			
	7		4		8	6		
			1			9		

#530 HARD

4	3							
		8		9				
			2					9
				1			5	
3				2				
	5				9		1	
	8					2		
9				4				7

#531 HARD

			6			5		
	8		7					
			8	5				
							4	3
	4		5			7	1	
3			9					8
			8					6
9	6				8			5

#532 HARD

								8
							1	6
					3			
	3					8		
	2		1			7		
	9	2						
			4					3
3			8				4	1
		1		8				9

#533 HARD

5					2			
					9	4		
		5	9	6	3			
					7		2	
	1	6	4			7		
3				1				
		8						
	6				1			

#534 HARD

			8	1				
2								3
			2			4		
			4				6	
	2							8
6				1	9			
					3	7		

#535 HARD

	2					8		
					2		1	6
							3	
		5				6	2	9
8								
9	7		1		8			
		4	3		2			
				1				
						9		

#536 HARD

		9						
	8					9		4
	7					4		5
				3	9	6		
						7	3	
	6					3	1	
							9	
			5					
1			6					

#537 HARD

					7			
9								5
								3
		1						
	7					8		6
	8						2	1
		2				4		
			1			9		
4		3	9			6		2

#538 HARD

	1							
		8			7	1	3	4
							1	
2								
				7				
		6						
	4	1	3		6		7	
	6							
						9	4	

#539 HARD

			3	1				
		7	6					9
					1			
			7					
8								4
		5			9	2	1	
1							7	
					3			
9			4		6	2	3	

#540 HARD

					6			9
9				1				
					7			
2					1	7		
1	8							
					4			
				9	3			
		6	2					
						4	2	8

#541 HARD

				4	6			
		4					3	
		6						
		8	5	9				
2			6	1		3		
		3		6				2
	4							3
					7	8	9	

#542 HARD

4			1					
				2	8			
8		1				4	7	
	3		5		6			
	5	6						
				4				6
				3	4			8
		4	9				1	
		4						

#543 HARD

2						6		
			5	7		2		3
	7		3		1		4	
		6			5		8	
5								
6								1
				9				
	3	5	9					6
		1						

#544 HARD

				6	1			7
		4						
		3			8			
		6						3
		3						
	2			3				
8	7	1		3		6		4
				9				8

#545 HARD

			6	3			2	
2								8
	7	4		1				
		3			5			
	4				1			
6				7	5	2		
	1				8		6	
	5							

#546 HARD

1		7			6			
	7							
	2		3					
			2	1				6
	3	6				4		
								9
				5				4
		8	5					
		3	4			8		1

#547 HARD

				4				
	6		3					5
9	5					8	6	
					6			
3		6		7		2		
6				3				
7	3				9			
8		5					3	
		8				1		

#548 HARD

					6			
6			3				5	
8					6	7		
					8			9
				2	1	8	7	
7			5					
1				7				
					9			

#549 HARD

4			7			9		
	8	9				7		
		3						
							8	
	5				4			
	7		8					
1						9		
		7	5		3			
				2				

#550 HARD

					3		9	4
	7	2		1		8	6	
		1		7				
4								5
	2	5				3		
		6	5					
			3					
					1		4	

#551 HARD

				8	1			
5	1		7					
				3		1		
			9					3
					6			
	6						2	5
3				5				6
						5	7	2

#552 HARD

	7				8	9	2	
								6
		3	5			7		
						3		9
				4		9		
			7	9	5			3
4			2					

#553 HARD

				5		9	6	
8	5							
			8					
		4				7		
7				3				
		3						2
6	1	7		8				3
		9			7	3		6
2	6							

#554 HARD

6			4					
		9						
							6	
			9	1		3		
8								
		5						
		3	7	5			8	
		1	2		8			
					5			

#555 HARD

						2		4
3	1		8					9
	2			6	8			
9						4		
		3		4				
			8					
8		9		5				3
	4							
		4		1	9		6	

#556 HARD

7							4	
	4					1	7	
1			5		8		3	
	3		4	7	1	8		
						4	5	
9				2				
				8	6			
	7			3				

#557 HARD

			4					
		9			1	8	2	
	4							
						3		
		5	2					8
						7		
				4	6			
	8	1						
4				7				

#558 HARD

7								
		4			9		3	
6	8	9		5				
	6		3			7		
	4				3	2		
		6	4				1	
3								9
		7		2				
			8		4			

#559 HARD

```
. 5 . . . . . . .
4 . 8 5 . . 1 . .
. . . . . . 3 . .
. . . 4 . . . . 5
. . . 6 . . . . 1
. 3 . . . . . . .
. 2 . 6 . . 8 . .
. 2 . . . . 4 . .
9 8 6 . 2 . . . .
```

#560 HARD

```
5 . 8 . . . 2 9 .
. 5 . . 3 . . . .
. . . . . . . 6 .
. . 5 . . . . 7 .
. . . 8 . 1 . . .
9 . . . . . . . .
. . . . 2 . 8 . .
. 3 . 1 . 7 . . .
8 . 6 . . . . . .
```

#561 HARD

```
7 6 . . . 4 . . .
. 2 . . . . 4 . .
. . . . 8 . . . .
. . . . . . . . 9
. 4 . . . . . . .
2 . . 3 5 . 8 . .
. . . . . . 1 5 .
. . 4 . . . . . .
. . . . 8 . 3 4 .
```

#562 HARD

```
. . . 6 . . . . 7
1 . . 9 3 5 8 4 .
. . . . . . . . .
. 2 8 . 4 9 . . .
. . 8 . . . 7 . .
. . . 3 2 . . . 6
. 9 . . . . . . .
. 2 3 . . . . . 9
. . . . . . 3 . .
```

#563 HARD

```
. . . 3 7 . 4 . .
8 7 . . 2 . . . .
. . 6 . . . . . 9
. . . . . 8 . . 4
2 . 8 . . . . . .
5 . 3 . . . . . .
. . 9 . . . 1 . .
. 1 . . . 6 7 . .
. . . 8 . . . 9 .
```

#564 HARD

```
. . . 2 . . . 8 6
7 1 . . . 6 . . .
. 8 . . 2 . . . .
. . 7 . 3 . . . .
. . . 8 . . . . .
. . . . 5 . . 2 .
2 . . . . . . 9 .
. . . 4 . . . . .
. 4 . . . . . 3 5
```

#565 HARD

	6			1	5	7		
9		1		8				
	1							
	5	4	6	7		1		
					3			8
					2	3		
	3					5		
		4						6
2		9						

#566 HARD

1				3				
	5			6		7	2	1
							7	
	9		6					
		5	9					2
		1			4			
3								
								5
	7				1			4

#567 HARD

				8				
	9		1					
								6
				3				
	5			9				4
		2	8					
	7				5			
		8			9			3
		7				6		

#568 HARD

	4				1			
			6					
8	9		4					7
		1		2	7			5
		8						
	5							3
3			9					
	2					6		

#569 HARD

	2					6		
				4				
		3	2					
		7						
2	6		9	3		4		
9			2		5		7	
	7							
	5						1	8

#570 HARD

								5
7				4				
9			5				2	8
		3			7			6
			3					2
6	5		9		2			
	2						4	
					9			7

#571 HARD

2			3				5	
		8	4		2			6
		6						
		2						
4								
7						6	4	
		1		8				7
	8				7			
				8				

#572 HARD

	3							
	8				1			4
								2
7	1		4		8		6	
			8					
3			2					
	4			2				9
8			9			7	6	

#573 HARD

					8			
		6				2		
	8		1					
6	4							
4			2	1				
		8	3					9
							7	
			7				8	
		5			6	7		

#574 HARD

		7		8		3		
9	4				7		8	1
		1						
1								
		9					2	
		2		3				7
7	3			6	2			
								8
			2					

#575 HARD

		8			7	6		
				6			7	
		3						8
9					7			
	5	2		8				
					2		1	
1				5	4	9		

#576 HARD

	9					4		5
						2		
	6	2	3		5			
			1					
	4	6						
5				7	6			9
		4	5					2
		1			2			

#577 HARD

		3		6				
	9				7		3	
	8							
				3				
2			4				1	
					6		5	7
7								1
				2	8			

#578 HARD

		6			5			
		5	7					
6				9				3
		3				6		
5		4		7				
			1					
7						8		
	3	8		6	4	2		
				3			4	

#579 HARD

		1						
			4		9			
6			5		9	7		3
		1						
			8		2			
		4	2			5		
	9					8		
	6		3	1		5		

#580 HARD

	1						8	
			1			6		
			3				9	
		5					7	
	7				3	1		
		6		4		5		
		8			1		3	
3				6				

#581 HARD

			3		2			4
						9		
							7	
								6
				6	1			
			1					
				5	6			2
		4	2					7
9	5		8			2		

#582 HARD

8	2							
9			2		8			
					4			3
	4							1
		7	3					6
					3			
		8	6		7			
				1				8

#583 HARD

```
. . . 7 3 . . . .
8 . . . 1 . . . 9
. 8 . . . 4 . . 6
. . . . . 7 . 9 .
6 . . . . . . . .
. . . . . . . . .
. 9 . 3 8 . . . .
. 5 . . . . . . .
. . . . . 4 . 3 .
```

#584 HARD

```
. . . . . . . 1 .
. 3 7 . 6 . . . .
4 9 . . . . . . .
. 8 . . . 2 . . .
. . . 6 . . . . .
. . 9 1 . . . 8 2
. . . . . . . . .
7 . . 4 1 5 . . .
. . . . . . . . .
```

#585 HARD

```
. 1 2 4 . . . 5 .
9 6 7 . 4 . . . 3
. . . . . . . . .
. . . . . . . . .
. . 1 3 . . . . .
. . 5 . . . 1 . .
. . . 8 . . 4 5 .
. . 1 3 . . . 2 .
. . . . . . . . .
```

#586 HARD

```
. . . . 2 . . . .
8 1 . . . . . 5 .
. 7 . . . . . . .
. . 8 1 9 7 . . .
. . 4 . . 1 . 7 3
. . 6 . . 9 7 . .
. . . . 2 . . . .
. . . 5 . . . 6 1
```

#587 HARD

```
. . . . . 6 . .
. . 3 5 . . 7 .
. 1 . . . . . 8
. 6 . 8 . . . .
5 . . 7 1 . . .
9 . . . . 2 . .
. . . . . 4 3
. 7 . . . 9 .
. 8 . 1 2 . 5 .
```

#588 HARD

```
. . . . 9 . 1 .
. . . 8 . 5 . .
8 . . 1 . . . .
. . . . . 8 . .
. 5 . . . . 6 9
. . . . 8 . . .
. 3 . 2 1 . .
6 . . . 7 . .
5 8 2 . 6 . 1
```

#589 HARD

8				1			2	6
			2	5				
					9			
			7					
		5				9		
5		2		9	1		7	
							6	
		3					1	
	7			4		3		

#590 HARD

						5		
	3	7					9	
			6	1	2			
7	4	3			6			
				5	4		1	
							2	
5		4		2				8
	5	6						
		8				5		

#591 HARD

	8	3		5				
		7				3		
								2
	2	9			8			
						2	3	
		6		5	4			
	1	2	7					
7					2			
5						6	9	

#592 HARD

								8
9								
	5		7				6	
8			9					4
2	8			3	4			
5								2
	9	7						
			4			2	7	

#593 HARD

			3				1	
9		1				6	8	
		6						
					3			
4								1
				8		5		
7		4		1				
				4				
	8		7		2			

#594 HARD

		2			1	7		
							4	9
	8		9					
				7	3			
			3					
			5		4			
	4		7	6	8			
						5		

#595 HARD

	7			8	2		4	5
						9		
5		3		9				
				4				
8				7				4
9			7		8			
	2	1						6
				1				9

#596 HARD

	4							
				1		3		5
				8			1	
8		9			6			1
9							7	
	3				2			8
				4			3	
			3	1		8		

#597 HARD

			4	7		6		
		3						2
				9	1			
	7			3			8	5
					4			
							1	
	8				7	3	2	
6								
	1	8					3	

#598 HARD

	3		4			6		
9	4						6	
				8	1			
		3					5	
3	1			9				
		8	4			5		
		9						
	2	7	3		8			4

#599 HARD

						2		
		5			1			
				4	5			
	9	2						
	3			4				
								6
4	8				7			1
9			4	1	8			
			6		5		4	

#600 HARD

					3			7
					2		5	6
	9		3					
	7		9					
			1					
		5					3	
	8		4	6				
4		6						1
6		9		4				

#601 HARD

```
. . . . . 7 2 3 9
9 . 6 . 8 . . 4 .
. . 3 4 . 9 . . 8
. 1 . 9 3 . . . .
. . . . 7 . 3 9 .
. . . . . . 7 . .
. . . . . . . . .
. . . . . . 2 1 .
. . . . 5 9 . . .
```

#602 HARD

```
. . . . . 4 . 8 3
. . . . . 9 . 7 .
. . . . 5 . . . .
3 . . . 8 . . . .
. . . . . . . . .
. . . 8 . . 6 3 2
. . 1 . 3 . 9 4 .
. . 7 . . . . . .
4 . . . 2 . . 9 .
```

#603 HARD

```
. . . . . . 2 5 .
. . . . . 5 . . .
8 . 9 2 . 7 . . .
. . . . . 8 . . .
5 . . . . 3 . . 2
. . . . . . . . .
. . 3 . 6 . . . 9
. . . . . 6 8 . .
. . . . 1 . . . 7
```

#604 HARD

```
. . . 2 6 . . . 4
2 . . . . . . . 5
. . . . 9 . . . 7
. 8 . . 7 . . . .
. . . . . . 6 4 .
1 . . . 4 . . . .
. . . . . 5 . . .
4 . 7 . . . . 2 .
5 . . 9 . . . . .
```

#605 HARD

```
. . . 6 . . 5 . .
. . . . . . . 3 .
. 8 . 4 2 1 . . 9
. 5 . . . 2 . . .
. . 2 . 4 . . . .
1 . 6 . 8 . . 9 .
. . . 1 . . . . 5
. . . . . . . 8 .
. . 8 . . . . . 7
```

#606 HARD

```
. . . . . . . . .
9 . . . . . . 6 .
. . 3 . . . . 1 .
. . . . 5 . 7 . .
. 5 . 8 7 9 . . 3
. . . . 1 . . . 2
4 . . 1 . . . . .
. . . 9 . . . . .
. . 9 8 . 3 . . .
```

#607 HARD

			6	9				
7				1		9		
8			4					
					9			6
	6					7		
		8			3			
								4
		7	5				2	9
9	2						3	

#608 HARD

		2				6		
			5		2	4		
			8					
	8		7				5	
		1			6		9	
			9		7		1	
	5			6		3		1
	9						7	

#609 HARD

							3	7
3			2			5		
								6
	8			3			9	1
			9	8		5		
	4				7			3
					9	1	8	
	9	1				6		

#610 HARD

	8		1					
						4	8	7
	3		9		2			8
	7			8		1		6
		5						1
							7	4
	9							
				7				9

#611 HARD

					7			
	4			8				
7				2		9		
8			4			3		
	5		3					
	2		6			8		
1	9		2		5			
				8		2		
			1					

#612 HARD

1			8	9	7		5	
9			8	5				
				7		6		
	2	1			4			8
						3		
		5						7
2		9						4

#613 HARD

				3		9	2	
			3					
					7			
				4		8		
	1		8		5			
1				5	2	4		
7						3		
4	3		7		2			

#614 HARD

2		4						
	4		1					3
7		3						
				6				9
			6					
			9	7	3		1	
	8							
					8			
	5	9	2				3	1

#615 HARD

7	6				9	8	1	
			8				3	
8								
	2	9						
6	3			9			8	
							5	
	8		2			1		
	9							
				3		5		

#616 HARD

					6			
		8	5	9	4			
		7						
				4	8	7		
				1	5		9	
4				6				
					7		3	9
8						3		
			4					

#617 HARD

8					7			6
	2			1				
	4	8		2			3	5
							6	2
			3					
		2						
				4				
		9					4	8
		6						

#618 HARD

8	5			9				
	2						9	
				5				
	7	1				2		
					2			
					3		4	
			7					
2		8			4			6
	1			8		5	7	

#619 HARD

7								
	2				1			
2					5	6		
	8	4						
		7				2		
4	9							
		5		8		7		

#620 HARD

	3				1	2		5
	1					4		
2		9				1	8	
	5							
1		7				8		
	6					3	7	1
			6				2	

#621 HARD

		9			8			
			8			2		
	3	8						7
			4	2	5			9
						5		
	1							
		2	9					
	1	2				6		
					1	9	8	

#622 HARD

		7		6				
1		6		5		9		
8	2						3	
	3							
7		8				2		4
			7					8
							7	
		4	9			5	6	

#623 HARD

9				8				
	2		1		3			
			4		5			
		2						7
	6				7			
						6		3
	5	9			6			
					8			
7				4			2	

#624 HARD

1						8		3
				4				
	2	1		5				
3		5		9				
6			9				2	
	3				2	9		
		7		2	8			
		9			3		7	
2								

#625 HARD

			9		2			
	1	4				5		
		5						
					9			
3	6		8			1		
	4							
7	5	1					3	
	9							
							8	

#626 HARD

			3					7
						5	4	
				2				
	3							
	4		8			5		9
		4		5	8			
1	5		7					
	9							6
	6		2					

#627 HARD

5		7					6	2
				2				
			1	6	9			
		2		9			7	3
					6			9
6		9			8			
	3							
8					2			
			2					7

#628 HARD

7		2			1	3		
	4				7			5
		7		1				
				5				
			3	9		7		
						5	3	8
		4					1	
	3							6

#629 HARD

			6					
	9						4	
1		7						
	2			4				
			2		3		9	
5								
				6	7			
2		9						
				5		8		

#630 HARD

	1			3				
	8		6					7
	4							
		4			8	5		
			2					
7			3					
			8			1		
	9	7		5	4			8

#631 HARD

		6						
						2	5	
					1		2	
		9				6		
	5	7		2	3	8		
				6				
		3				9		1
7		5					9	2
				7				

#632 HARD

			4				6	
7			5	2				9
1			8			5	2	
	7	8				6		1
2								
								4
		1	6		4			
					6		3	

#633 HARD

							4	
8		9						
		7						6
					8	9		
			8		3			
	9	4						
	7					1		
4		6		7				
	8	3			2	9		

#634 HARD

		7	2		9			3
						1		
9								
	6				7			
		1	9					
				5		6		
	9		3	7				2
		6	5		8			

#635 HARD

						1		
	8	5	1		3			
		3						
	7	9	6		1			
	6				8			
		5			4		8	
9		4				2		

#636 HARD

3		9		7				8
		2			5			9
			7			6	2	
			8				1	
			3	6	4			
	3							
					1	7	6	
	7		4					
			5					4

#637 HARD

7			4					
			8		6	4	2	
		4			8			
	5							
	3						8	
	4	5		3			8	
			9				5	7
			6					

#638 HARD

9						8		6
		2			1	7		
		3						
		8	6			5		
								7
1				7				4
		6					9	
			7			3		
		8						

#639 HARD

				1				4
					6	9		
	7	3						
			6		7	3		
	2			4				1
				3		8		
				2				
	4						7	3
2				8		3	1	

#640 HARD

						7	4	6
2								
			8	2		6		1
	6							3
			6					
9		2	3	5		4		
			8					7
6		8						
							1	

#641 HARD

			4			5		
		8					2	5
7				6				
			3					
		9						4
	8							
4			8					
	7	5	1	4			8	
				8		9		

#642 HARD

	9							
			9		4			
			8		1	3		
			5			9		
				3				
8			2					
3	6			1			8	9
	4			5			2	
			6		9	2		

#643 HARD

			1		8			
				3			1	
		4		9	3			
4								
						6		
	3	5						6
2			3	9	6			
8	9	7		5		1		

#644 HARD

					2			
8	9							3
	2		7			1		
5						7		
3	1						6	
			1					
						4		5
7	5				8			6
2					3		4	

#645 HARD

4								
				6	5		2	
			3		6			
	5		2					
		1						
			2	7				
6				2				
						9	8	
	4	7			2			

#646 HARD

	8		5					
			2	5				
			3	8				
				9				
		7						2
	1		6					
4	7				6			
	9		4					
					9			

#647 HARD

7					8	4		
3			9					2
			7	9				
8								
		3		2				4
			8		6			
	6		4				1	
				9				
1	8							

#648 HARD

9						8		5
	3				4			
				2				8
3	7							
								6
	6	4					2	
			3			7		
			5					
				6				

#649 HARD

2				8	5		7	3
				3				
	1	9	7				8	
	7		1			6		
9				2				
	6					8		
		7			2			4
					7			

#650 HARD

			9			8		7
	1				3			
8	3		1				4	
			6					
								2
			8		4			
1		8		9	2	6		
							1	

#651 HARD

		9	3		5	2		
		4		1				
				9				
								5
4								
				3	8			
	6			1		7		
						4		
		6			7			1

#652 HARD

			9			7		
		1						9
	2		7	1				
							8	
9				6				
8				5				4
		7		4				8
2								
				3		5	7	2

#653 HARD

	5		9					
8						4		1
	7			2				
						7		
2		7	3					
			6			8	4	
						3		
							5	3
		5			1	7	6	

#654 HARD

				4				2
8	7		9				1	
		1				6		
6				2				9
	4	7	8		6			3
5	9					8	2	7

#655 HARD

		8			9			
			5					
						3		
		1			4			9
			1					
		6	4			1		
	6							8
				2			9	
	1		3	7		4		

#656 HARD

9			7		2			4
5		6						
			8			4		
		4					6	8
						7	4	
3			2	9	1			6
9								
						5		
				6				

#657 HARD

				2				
			9					
2		7			5			
		8		4		5		
		5				6	3	
		6	9			2		
						1		
	4			7			6	

#658 HARD

			3			2	5	
						6		7
	6			1	8		3	
						1	4	
1			9	5			6	
		7		6	5			
				3				4

#659 HARD

3					6			
					9			
							3	
	8							
1		9		4	2	3		7
6		2						
5				2	4	9		
		7						
					8			2

#660 HARD

	9							
								6
			2				3	
7		8	6					3
					3	6		4
5	6	1				7		
	5	6				1		9

#661 HARD

6			4	3	9			5
						3		
							5	
7			2	5				8
		8	9				2	
4			5				3	
		4					6	
	9					7		

#662 HARD

	3	4					7	
6		1			7		8	9
			4			1	3	
	9				5			3
					3			
					6			
		3						6
	7	6						

#663 HARD

	1	9	4	3				
8				9			7	
6			2					
			1		8			
						6		
		4	5				8	
			2	1	7			
2				9		4		

#664 HARD

7					6			
		6			7	5		9
	6	1		9				
		9	6					
				2				
	8		2			9		
	5		9					
3							5	4

#665 HARD

1		6					4	
		1	7					
	2			5				7
			1					
		2			8	6		
		9	4					3
		8						
4	3				9			

#666 HARD

	7		8		1			
				3	9			5
				2				
		3	5	9		1	6	
		9		8				
			7					
	6	9		3	4			7
								3
1								

#667 HARD

#668 HARD

#669 HARD

#670 HARD

#671 HARD

#672 HARD

#673 HARD

		6	2					
							4	2
1								
		8				9		
				1		3		5
	8		3					4
	2				6	4		
		7					3	
								6

#674 HARD

2			8				9	5
5			2				3	6
					1	7		
4								
9	5			7		1		4
	7			4		6		
			7					1

#675 HARD

						7		9
	5					8		
1		2	8			3		
5			7					3
	7			1		9		
							5	
1			4		3		2	
	2						4	
							7	

#676 HARD

				4			2	
				6				
6		3						4
			5		2	3		
			2		9			
	7						9	1
	5	9						
			8		4			

#677 HARD

		1	7			6	2	
						5		
	8		5					
				3	6			
	3			7	8			
	4		2			5	3	
					4		7	

#678 HARD

	9							
8								
		9	1			2	4	
			3	6				
			7	1				
	4							
			7					
3								
	5			8	1		3	

#679 HARD

						4	2	
3	7			8		9		
1				4				7
2	3							
	1							
8	4		7					6
		9	2	6				3
				7		9		

#680 HARD

2					9	6		
	5							
	6							8
	1							
4		2		6		7		
					4			
		3						
9	3			2				
					4			

#681 HARD

		2	9					
		7	3	2				
					9			
				8	2			
2			9					
7	1		6			4		
	4		3					
			1			7		
		2	7	6				

#682 HARD

	2				1		6	
7								
		7			8			
		2						
		8	4					
								4
				9	2			
	9	6			3	5	8	
			2		7			

#683 HARD

	1				9			
	8		3	1				
7				6				
				8				
				1	4			
					8			
3				6	9			
	9		5					2
					7	1		

#684 HARD

4			2				3	
		5	6		7		9	
	5				3		6	
								5
	1					7	2	
							1	
			5					
7								
6		2			8	4		

#685 HARD

			5			9		
	9					1		
2		6	4					
					5	6		
						4		
		9						
	8							
9		3	1			2		6

#686 HARD

				2	8	6		
			3		1			
6				7				
	1						8	
		5	2					
					4		1	
			5					
7					6	9		
4				3				5

#687 HARD

								3
		9		7		8		
							1	
1								
		5			4	6		
	4			8			9	
	7						2	
			6		2	4		1
				1				

#688 HARD

		6					4	2
					8			
		5						
	2			6				
			1			4	2	7
8					6			4
6	5			8		3		
	4							5

#689 HARD

								7
	2				5			
				2		7		
				1	7			
	2			3		5		
6			5		8			
	4		7					
3				9	7	2		
		4						

#690 HARD

	8			7				
1					4			
								5
						8	6	
						7	2	
6							5	
								1
	4	9			6			
		5	2				4	

#691 HARD

1			3	6	8			
				4				
		2				3		9
8		9	2					
		6		9			4	7
7				5			3	
				4				
			3					6

#692 HARD

					8			
								7
			2					
					7		4	1
				8		4		
		3			5			
	8		3			9		5
	1					7		
							1	2

#693 HARD

4			8					
5	7					2		
6	2			9		1		
7				8		5		4
			4		6	7		
		7	1					
					2		3	
			1					

#694 HARD

		6		9		1		
			8					
				6	8		3	
6		2					4	
		9		4		3		
7				3				
		3	5			6	2	9

#695 HARD

		3	7		1		5	
		6						
9								
8			4		3			5
	7			6		3	9	
5				8				
	3			1				2

#696 HARD

	8	7						
	5							
1								
		9		5		7		
8					9			
			9			8		
3		6		9	2			4
2								
		4				6		

#697 HARD

6					9			
	5		8				4	9
		9						
7								
9	4							7
		3				5		
			6		4	9		
4							7	
			1		5			

#698 HARD

	1					8		
						3	8	
		6	1			4		5
			5			9		
	6		8					
			7					6
2					5			
	4						2	9

#699 HARD

9			8					
4		5						
	8	9				1		
		3				1	7	
							8	
		6			7			
	2	8		9				
	7	5						
	6				3			

#700 HARD

								9
8	5	6						4
			4					
		4	7			6	8	2
4								5
	1					4	9	
						1		8
						3		

#701 HARD

	3	1		8			5	
				6			7	
4		2	1					8
				2				
						2		
	9					4		7
2			8		9		6	

#702 HARD

			3				6	
				8				
	3	6		9				
								7
5		8					1	
		5	9	6				
			7	1				
						2		
8	4	2	1					6

#703 HARD

				5			8	
	4							6
	6							
6		9					8	
5				1			4	
	9		3	8				
		3				7	2	
			9		1			5

#704 HARD

		9		5			4	6
1	2			7				
8	9	4	3		6			
						4	5	8
								9
	7	1				9		2

#705 HARD

4					3			
	6							
	2		3			8		
			4			5		1
						7		
		1	8					5
					6		1	
				7	3			
			5					

#706 HARD

			4			1		5
2			8			3		
								6
					2			
		5	1					
6			2				1	3
		9				7		
			6		4	5		
							7	4

#707 HARD

	9					5		3
		7			2		3	
8							7	
			1					
	7			6			1	
	2							
3								
		8			1			2
				3		4		

#708 HARD

				4			7	
5					6			8
		2						
9								
	7						3	
						1	5	
	3	4	9		8			
6	8			5		4		

#709 HARD

3		6					7	
			4		1	6		
		7	2	3			5	
				9			8	
							6	
	8			4	9	2		
		1	9					

#710 HARD

	8				5	9		
	6	4			2			
						7		2
	4							7
7						4		
	2							9
9		6		1				
								3

#711 HARD

			7				1
5				7			
		3		4		9	5
2						3	
		3					
1							
				6			7
						1	9
	7	4		1			

#712 HARD

9							
		9			7		
6	2						
				1		6	
	3		1				
2				5			
	9		2				
					2	1	
		8		7			

#713 HARD

6					5		
			6	7		9	4
7					8		
	5						3
		3					
	8						
				7	4		
	9		8		3	1	
	5						9

#714 HARD

	7	8	3				1	4
	6							
	1		8			2		
8					2			9
9			2				8	
	9			7				
						9		
		1						2
7		4						

#715 HARD

	3				5			
			8			1		
	7		3			4		8
	6							
		1	4					
	4			9				
								3
1	8		3					
4	5			7				

#716 HARD

	7		3					2
	4	2					5	7
			8	4				
								5
	8	6						
7					2			
		7	9		6		2	3
	6					1		

#717 HARD

	1			8				7
4				9				
	1	6				8		
						6		
		9		2				
3		2				5		
	9			3	4			
		5	1				6	

#718 HARD

		3	5				2	
7			1	9		8		
		2						6
	4		9		7			
7	6				2			9
	5			1				
9			2					
		1	9					

#719 HARD

		5			6	2	3	
	4							
		8						
	2		7	5	9	4		
						6		
			9	3		1		
1	7							5
			2					
7	6		1			3		

#720 HARD

			2		1	8	7	
	8		6	2				
			6					
1		9	3			6		
		9		6				
		8						
9		6	7					
	3							
					3	5		

#721 HARD

	4						8	
					2			
		2		5		1		
					3			1
	6				9			
	8	3	7			5		
9	1				3			8
		8						

#722 HARD

			3					
1		2	4		5		3	
		4	9					
								9
				8				
	7			3			9	
6			3				1	
9				1				6

#723 HARD

			8		5	7		
						4	5
3		8	1		4		
				7			3
			2	9			
8		4					
		9	7		2		
	7						
	6				2		

#724 HARD

					8		
8		2		4			
						7	
1		6	7	8			
			5		9		3
					5		
	6						
3	2	9	8		4		

#725 HARD

			8	7	5		
	6	9	8		1		
			9				
		9			8		
8				2	6		
4		3					
						4
3	7			1		2
	2					

#726 HARD

9		5		3			7
	2			8			
		4			5		
		8	5				
		7					
8	4						2
	7						
	9		7				
	5				1		

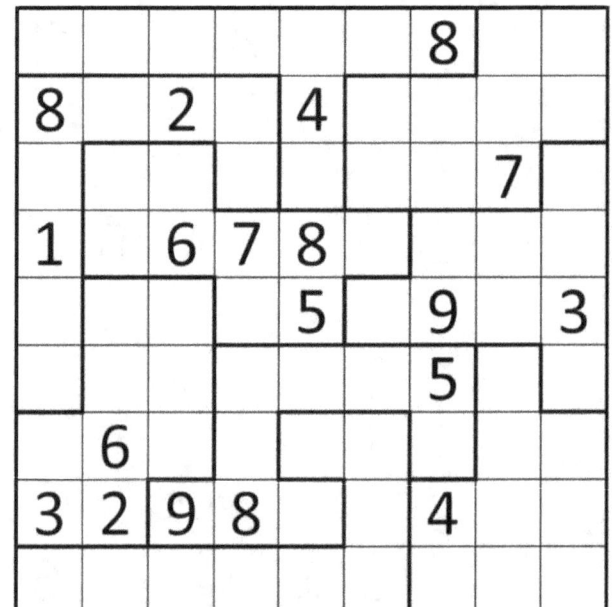

#727 HARD

4				6				3
								6
				8		5		
1			7		9			
		1					3	4
5			6			1		
			9	2				
3		9		1				
			1					

#728 HARD

2				5				
9	6	4						
		3			2			6
1				3				5
6								
			5			4		
			9		8		2	7
			1					
		7						1

#729 HARD

	6		9	1				
		9			5	7	4	
					8	6		2
			1		4			
	8			5	9			
	5				1			
				2				6
6	7							

#730 HARD

			4					
				1		6		3
	4	9			3			1
						7		
			4					
1		8						6
			3					
		5			1			
	3			7		8	2	

#731 HARD

2		7	9			4	6	
6	3							4
			1	6			2	
		2						8
	6	8						
	4							
8				3	2			
								6
		6		1		7		

#732 HARD

8					7		6	
		5				1		
6	8		4			2		7
			3				7	
3						5		
4	6					9		
					3			
						7		

#733 HARD

			3	9			5	
	7		6					
			1		2			
				7	5	1		
			7					
	2		8			9		
1	4							
3		5			2		7	

#734 HARD

		1		5		7		
			4		2			
7			5					1
		4				1		3
			6	9		5		
5					8	2	9	
							5	
2			9					

#735 HARD

		3						
			1					2
				5				7
		2			3			
						9		
		9						3
8						7		
	4				5	8		
				4				

#736 HARD

		7		1				
5	6							
			4	9				
	3					7		2
		7				6		
			3		6			
			6					
					4			
		6				9		3

#737 HARD

	5		7	3				
	7	9	1					
		2		7		4		
				5				
	5	3			2			
7								
	4		8	5	6			
	4			8		2		

#738 HARD

3			6			8		
5			3		2			
4		5				7	6	
	8	1			9			
				1			7	
	4							
	9		4					

#739 HARD

4		6					3	
5			1		7			
			3		6			8
	4					7		2
				6			4	
	2	8				1		
			8	3				
	6			1		5		

#740 HARD

6		8			2	4		
						8		
			3		9	5		1
	7							
4				6				2
	2			4	3		9	
		7						1
					5			

#741 HARD

			4					8
	8			2				
			9	5				
9								
	3		7		1			
		6					9	
8			3		2			9
				6		7		3
			5			6		

#742 HARD

	3		5				2	
						6	3	
	8	9						
		4		3			5	9
								5
		6	1	2				4
		3				8	9	

#743 HARD

6			9	4		2		
3		5		1	6			
2						9		
						8		
		1						
				6				
				2				
5					4		2	
		2						7

#744 HARD

			9			6	3	
6	5						2	
			9			5		
9		8						
						2		
		5	2			4		6
	1			6		7		
	6			5				8

#745 HARD

			9	7				
				6	1			
6		5						
						4	1	
		9	1	5				
					6			8
				5	9			
7			3	2			5	
	9	1						2

#746 HARD

			3					
		7	5	6				
8	3		1				2	
7					4			2
					3			
						6		
			9			3		
				8				
	2	3	4					

#747 HARD

3				7				
		7						
		6	3					
6		5						3
	4		8		9			
4	3	8			7			
9							2	8

#748 HARD

		4		5				
		2		7				
	8	9	3		1			
5		9		2				6
	9		6					5
		7			4			
2								8

#749 HARD

		8	3			1	9	
		2				8		
	2			1				
	9	3						
5		4				9	8	
		5						
8							6	
3			8		2			
	5			9				1

#750 HARD

					4		5	
		6			1			
	9	3		1			7	
8				6	2			
	2				4			
5								
	3		8	2				
			1			7		
						3		

#751 HARD

1								
		6						
4	9							
			9	4		5		
	5	3			2			
		1		2	3			6
	2	4				3		
				1		5		7
						4		

#752 HARD

	1		7			2	4	
		2				1		7
2		9					6	5
			6					
				1				
			2	4				
		3			7			
	3			7	5			2
			8	5				

#753 HARD

	8	2						
1				8			4	
	7		5	9				
		4						3
					1			
	2			1				
		1		7		8		
								8
								6

#754 HARD

			7					
				3	4			
	6		1					
		8	5					9
		4						8
								5
9								
3		5				1	2	6

#755 HARD

		3	1				2	
7			9		3			8
		8		5		3	4	
	3			8				1
							7	
6						7		
					6	8	1	
				6				

#756 HARD

	3					4	8	
		2		1				
	8		6	5				
7	6	8						
			7					
	9	6					5	
1								
				6	1			
							7	3

#757 HARD

		3	9		6		2	
	6	2						5
					9			
		5						
	8					4		
8								2
				5				
			6	1	8		3	
	3							

#758 HARD

	7	6					2	
				7				3
9	4	3				1		
	1							
							3	8
5								
			5	1				
2							5	

#759 HARD

	3		5				7	8
							5	
			9					
		8			6			
		6						1
			4	2			6	
		3	1	8				
4	9				8	5		
5								9

#760 HARD

			5				8	
	2				4		3	
		3		4				
	8							
						5		
8	1		2			7		
4								
1				9				
				7				

#761 HARD

			3	9	1			
		4		5	3	2		9
6						3		
		6		7	8			5
								2
						1		8
						7		
	1			6				3

#762 HARD

			1			3		2
			5	8		6		9
	6			3				
7					2			
					4		5	
			8					
					1			9
					8	2	1	
		2						

#763 HARD

7					9		6	
		2		3				
		4					7	6
	1							
2		8			6			
							4	
9		1						
			4	3		9		
5	4	9		2				

#764 HARD

				7				
			4		5			8
			9					
4			5		7	2		
				5		9		
			3					
8		1		4			7	
				6				
7			6				3	4

#765 HARD

					8			
		8		2				
			4				9	
				4				
		4			6			1
	2				7			5
1	8					5		
	6	3			4			
		9				8		

#766 HARD

8		7		4		2		
							6	9
			6					
	5		4					
			5		1			9
			9		7		4	
				9			8	
				1		7		5
	7				4			

#767 HARD

					2	3	5	
7								
	9				4			7
		2		3				
	2	8	6	9				
			1	2		5		4
			4					
		6		4	1		9	
	3				9		6	

#768 HARD

						7		
	5			9			6	3
			3	1				4
			8	3	1			
	7			5		4		
	9		1	7				
	4		6					
					2			

#769 HARD

```
. 1 . 9 . . . . .
. . . 2 . . . . 9
. . . 6 . 5 . . .
. . . 4 . . . . 1
8 7 . . . . . . .
5 . 2 1 . . . . 6
. . 1 . 2 . . . .
. 5 . . . 7 . . .
4 . 8 . . . . . .
```

#770 HARD

```
. . . . 6 . . 7 .
2 . 7 . . . . . 3
. 8 . . . 3 . . .
. . 9 . . . . . .
. . 5 . 8 9 . . .
. . . . . . 2 . 5
. 4 . . . . . . .
. . 4 . . 3 1 . .
3 2 . . . . 6 . .
```

#771 HARD

```
. 5 . 9 . 6 . . .
6 4 . 8 7 . . . .
. . . 2 . 8 . . .
. . 5 . 9 . . . .
5 . 8 . . . 4 . .
7 3 . . . . . . .
. . . . 4 . . . .
. . 1 . 4 . . . .
. 2 . . 5 . . . .
```

#772 HARD

```
1 . 3 . 4 . . 6 9
. . . . . 4 . . .
. . 4 . . . . . 2
. . . . . . . . 4
. 9 . . . 6 . . .
2 . 7 . 6 . . . .
. . . 5 9 . . . .
. . . . 4 . 9 . .
. . 1 . 2 . . . 6
```

#773 HARD

```
. . 5 . 6 3 . . .
. . . . . 1 8 5 .
. . . . . 9 . . .
. 7 . 6 . 4 . . .
. . . 1 . 6 . . .
. 7 . . . . . . .
. . . 1 8 . . . .
8 . 3 . 9 . . . .
7 1 9 . . 3 . . .
```

#774 HARD

```
. 2 4 . 7 3 . . .
. . 6 . . 5 . . .
1 . 3 . . . . . .
. 6 . 9 . . . . 8
. 6 . . 5 . 8 1 .
8 . . 4 . . . . 3
. . . . 2 . . . .
7 . 6 . . . . . .
```

#775 HARD

	6				4			
					3		6	
	3	8						
				1		7		
3	9			7			5	
								4
6				2		4		
5	8							
4					6			2

#776 HARD

	7						5	
		3	6		8			
			2		4	9	1	
			3					
	9							1
		5		4		2		
2					3			4
				2				

#777 HARD

4						8		
5						6	9	
		3		9		5		
8								
			2	8			5	
		1		5		4		6
	6				7			
			2	7	5			

#778 HARD

			7				1	
4				6	1			
1				3	2			4
		5		1	9			
		5						3
	6		3		4	9		
	1					7	9	
	7				2			

#779 HARD

			5	8		7		
		6						9
7	1							
	8			9	7	5		
		4						
					9			
	6	1	2					
	3							
			2					

#780 HARD

			5	1				
6					2			
				6				
	1							
	7		9	4				2
		7						8
2		1		3				
7			6			8		
				8				

#781 HARD

	7	2		4		6	5	
		3						
			5	7				
								9
				6				
5				1				
4								7
						7		
	9			8		2		

#782 HARD

		2				1	9	
			6					5
4							3	
							4	
	5						6	
		8	7					
7			4				1	6
5	4				8			

#783 HARD

	6		7					
		1	5		4			
	1							
5					1			2
				1				
4	5			6			7	
					9			
	4		8	2		5	6	
7	9							

#784 HARD

							8	
		2				4		
5		4	6			2		9
				8				
	5							2
		7						
4		8			9	5	1	
					3		4	
8			4					

#785 HARD

	9			5			7	
							4	3
2			9					5
						3		
		4			5			
				2				1
		6		1				
			5		7			
	6	8	2					

#786 HARD

1				4				5
	5			8				
	4	1						
	7				6			
2	3			9				
	8					9	6	
		7					1	
						5	9	8

#787 HARD

	6		2					9
		9						6
							1	
9		4		2				
4		8	5					
					1	7		
			9					
		7			5	4		
			7	6		9		

#788 HARD

			1					
3				6		2		
	9	5						
2								
				9				
				2				8
	4			8			3	
				4				
	3	8		5				4

#789 HARD

	2			8				
			7		2			
				6				4
	5							
						9		
				7				
	3			2				
2	7				4			3
			4		9			

#790 HARD

3		9				8		1
	7		3	8	4	6		
			9					2
9		8	6					
7						5		
							9	
			4					
5		1			3			

#791 HARD

1			5			7		
		9			8			
		8		3	9			4
	9							
					1			2
		1		6	2	3		
	5			4	8			
	1	2						

#792 HARD

				4	5			
				8				
7								3
		7			6	8	5	
								7
3					9			1
					8	4		
		5						
9						3		

#793 HARD

				6			2	
	7	5	9					
7					8			
				7				
	2			3			5	
8								
1	8							
	6			5	9			
		9					4	

#794 HARD

				9		3		
				8			4	
	3						9	
							5	
			3			9		
1						2		
		6		4				3
	5			1	7			

#795 HARD

	9					6		
	6			7		5	8	
	3							
			4			9		
3		6	4	9		2		
	4					3		
			8		6			
2								

#796 HARD

				3	9			2
		3			5			
			2					3
9	7							
	1			4				
			4		7			
			7					
4	2						3	
8		6						1

#797 HARD

	6	7			1			
1	9	5		3				
	8			4	6			
				5			2	
8								6
			8					
		5		9	2	4	1	

#798 HARD

	2		8			1	3	
				3			6	
			1		8			
4			9					
			4		3			
	8						4	7
9			1					
	5			7				
6						9		

#799 HARD

```
2 . . . 8 . . . .
. . 4 5 . . 2 . .
. . . 9 . . . 3 2
. . . 2 . . . . 7
. . . . 2 . 6 . 8
. 2 5 . 4 . . 6 .
. 9 . . . . . . 3
. . . . . . . . .
. . . . 7 6 . 4 .
```

#800 HARD

```
7 . . . 5 . . . .
. . . . 1 4 . 6 .
. . 8 . 6 . . . 7
. . 6 . . 9 . . .
. . 6 . . . . . 2
1 . . . 3 . 7 . .
. . . . . . 6 . .
8 2 . . . . 3 . .
. . . . . 8 . . .
```

#801 HARD

```
. . . . . 6 . 2 .
. 4 . . 1 3 5 . .
. . . 9 . . . 1 5
. 8 . 6 . . . . .
3 . . . . . . . 6
. 5 . . . . . . .
. . . 5 . . 7 9 .
. . . . . . . . .
8 . 3 . . . 6 . .
```

#802 HARD

```
. . . . . 7 . . .
. . . . . . . . .
. . . . . . 8 2 .
. 4 . . . . . . .
9 . 8 . . . . . .
. . 7 1 . . 6 . .
. 7 . . 8 4 . . .
. 9 . . . 3 2 . .
. . . 7 . 5 . . 1
```

#803 HARD

```
1 . . . 3 . . . .
. 4 1 5 . . 7 . .
. 2 9 . . . . 8 .
. . . . . . . . .
. 6 . . . . 4 7 .
. . 7 . . . . 9 .
. . . . . 3 . . .
. . 8 . . . 9 . .
. . . 9 . . . . .
```

#804 HARD

```
. . . . . . . . .
. . . 6 . . 8 . .
. 4 . . . 7 1 9 .
3 . 7 . . . . . .
. . . 9 . . . . .
. . . . 6 . . . .
9 2 4 . . . . . .
. . 5 . 1 . . . .
. 6 . 4 . . . . .
```

#805 HARD

2						1	6	
4			6	9		8		
8					2			
		9		4				
					6	4		3
	3							
			4			5		
		8				9		
							2	8

#806 HARD

5	4			7				
			2					
1			4		6			
6	2	8						
					6			1
2								7
		7						6
4		9		1				
	9		3					

#807 HARD

		4				9		
	5		6					
			9		8			
		2			9			
4				3	2	1	6	
7	6		4					
				6				
								5
	7							3

#808 HARD

			8			5		
				4		1		
9	8	1						
							3	
							1	
7		6		1				
	4					3		
		9			7			
		6		9				

#809 HARD

		5		3				
6							5	
	6			7			8	9
9			7	4				
2	1				8			
				9				
4	2						3	
			1			7		5

#810 HARD

								5
		7	5		1			
	2		8				4	
	3			7	5			6
	9	8						
						9		
				1				
	8	9						3

#811 HARD

								7
					3			
		7			1	2		
			4				5	3
	5		3					
9								1
	2		8					
8		4				6	9	

#812 HARD

			1			4		6
9								
			8					5
			9			6		
	2					3		
	4	3					7	
	5				1			
8				2				
			7				5	8

#813 HARD

	9						1	
				6			4	
8								
	2	4	3			9	8	
2	4							6
			8		3			
7	5		9					
					6			7

#814 HARD

		9		4				
						9		4
				1		3		
2				5	4	7		
								6
			6					
				7		8		3
	3							1
6				2		5		

#815 HARD

9		4		2				
				7				
				8	6	3	1	
	2	6	9		3	7		
	1							8
						1		6
4								

#816 HARD

				3		8		
			7	4		2		
							5	
3		5		8		4		
	6				7			8
			6				9	4
	7							5
	9		6	4			3	

#817 HARD

.	.	.	.	.	.	.	.	.
.	3	.	.	6	4	.	.	2
9	.	.	8	.	.	.	.	.
4	.	.	.	5	.	.	.	6
7	.	.	.	.	.	.	1	.
.	.	.	.	6	.	.	.	5
.	.	.	.	.	.	3	.	.
.	.	5	.	.	1	.	.	.
3	1	.	.	8	.	.	.	.

#818 HARD

.	3	.	.	.	.	.	.	.
8	.	.	3	.	.	.	5	4
.	.	7	.	.	.	.	.	.
.	9	.	.	.	.	.	6	.
.	.	2	.	.	.	.	.	7
.	.	.	.	.	.	2	.	9
2	.	6	.	4	.	8	.	.
9	.	1	.	.	8	7	.	.
.	.	.	.	8	.	.	1	6

#819 HARD

.	.	3	9	.	4	6	.	.
9	.	4	1	.	.	.	.	.
8	.	6	.	.	.	3	.	.
2	.	.	.	.	.	1	.	.
.	.	.	7	.	.	.	.	6
.	.	.	9	.	.	.	.	.
7	.	.	2	.	.	.	.	.
1	8	.	.	.	6	.	.	.
.	.	.	.	3	.	.	.	.

#820 HARD

.	.	.	9	.	.	6	.	.
.	.	.	.	.	.	.	.	.
1	3	6	4	8	.	2	.	.
.	1	.	.	.	8	.	.	.
.	.	.	.	.	1	.	4	.
3	.	4	.	.	.	.	.	.
.	8	3	.	6	.	4	.	9
.	4	.	.	6	.	.	.	5

#821 HARD

.	5	.	.	3	.	.	.	.
.	.	.	.	.	.	2	.	7
8	.	.	.	.	.	.	.	.
.	.	4	.	5	.	9	.	.
.	.	5	.	.	.	.	.	.
.	.	.	.	.	.	.	.	8
.	.	.	1	.	4	.	.	9
.	.	8	.	.	2	.	.	1
.	.	7	.	1	.	8	.	3

#822 HARD

.	.	.	.	6	.	.	.	.
.	.	.	.	9	.	1	6	.
.	.	.	.	9	7	8	.	2
.	.	2	.	3	.	.	9	.
8	.	.	.	.	.	.	.	.
.	5	.	.	.	.	.	.	.
1	.	.	.	.	3	.	.	.
.	.	1	.	.	6	.	.	.
7	.	.	.	.	8	5	.	9

#823 HARD

	4		7			2		9
			2				5	8
		8					4	6
				7	8			
3	9		1					
8		1						
								2
		6		9				

#824 HARD

		9	1	6				
5					9			
			4					
	4			5			7	6
								8
	6					8	3	
								5
4	5			7				9
				8				7

#825 HARD

4		7	1	8				
3		9	2		4			
			6					
	2	7			6	5	8	
		5						
		8		9				
5								4
		9						
7	2	5						

#826 HARD

	3			4				
								3
1		4						
		8		5				
		5			1			2
5						2		
	1		2		6		3	
	7							

#827 HARD

2				4				1
9					6			
5				8				
			6			7		
			5				1	
6		8	1				9	
	9			6		8		
		8		2	6			
					7		3	

#828 HARD

					1			4
4	8				7	5		1
3								8
							9	
1								
						5		
2		5				4		
6		7	8				2	
		2		4				5

#829 HARD

	8	7	5	6		3		
	4							
			1					
5	3	9					1	
8	2							
9			7					
					5			
7			8					9

#830 HARD

	3	4				7		
								1
9					2			
	2	6						
		8		6				
	4					1		
			8					7
	6		7				9	
	2	1			3			

#831 HARD

	2	6		9				
							2	4
3		1				7		
		2				6		
7					8	9		
		8	1	5			3	
		7	2		9			1

#832 HARD

					7	4		
5			7			6		
	1							
7			5					
		2			6			
4	7		1					
1		8						
3	9	4	7					
						1		

#833 HARD

6	9	4						
	3	6	8					5
	5			4	7			
	2							4
	1							
					9	2		
				3				7
		7						
								8

#834 HARD

	7			8		2		
3						7		
					3			
	8		6	5	7			
	5	2					8	
			4					
8			5			4		9

#835 HARD

			3		8			
		6						7
					5			
	4		5					
	5		3		7	9		
							9	
	6	8		5				
			9					
9		5				7	3	2

#836 HARD

9								5
			2					
	5	1	3					
			7	6	2			
					1	8	7	
			3		6			
				8				
	3		9	7				
	7							8

#837 HARD

			8					
	4	9			3			
		3				1		
2			4					6
		5	9	2	1		4	
5			8					
			7					

#838 HARD

	1		9		6			
9					1			
								5
2						1	9	
			7		4	3		
	4			3				
		6	5			1		
	9							

#839 HARD

		2						
	7						9	
		3	4		2			
5		9	6			4		
			9	6				
	6			5				7
	4			8			3	

#840 HARD

		9	5	4	3			
			3				8	
	4			8		1		
	6				4		5	
				7				4
9				2				
	5	6	1					
	7							
			9				2	

#841 HARD

#842 HARD

#843 HARD

#844 HARD

#845 HARD

#846 HARD

#847 HARD

						5		7
						4		5
5			7					
		8						
		6			4			1
	9					6	5	
							7	
		1					2	
1							6	9

#848 HARD

						8		
			1			4	9	
								8
				2	6	3	5	
8								1
		7				2		
				8	5		6	
					3			
	1	6	4			5		

#849 HARD

						2	6	
3		6			8	1		
		8	6		2		5	
	9					6		
						7		
								4
	3			5				7
7	6							
			2		7			

#850 HARD

			9					
		7		5	1		2	
		6						
		2	6		7	9		8
						1		
9						7		
						5		
4							9	5

#851 HARD

	3			2				
		6			7	3		
	5		9					8
3	8		2	6				
		1	6				8	
				8				
		7						
			8					2
9								

#852 HARD

	1					4		5
				9				
	3					8		
		8		1		5		
	4		1	7				6
						7	1	
	6							
	4					9		8
	2					3		

#853 HARD

3				5				
				6			3	
2	4		3	1			9	
			2					
6	9		1					3
					1	7		
	3			4		2		
	6			2				
	1					5		

#854 HARD

	5							
			7	6	1			2
5					9			8
		2				6		5
			8	7				4
6	3						7	
4		1						
						9		

#855 HARD

9	5							
								7
	2		3				7	
	7	4						2
			2					
7		8		3		1		
		5					1	
	1	7			9		6	
			5	6				

#856 HARD

		6					8	
						2		6
				7				
1								4
			4	3			5	
				1				
	1				3	6		
	4	2	6					
	7			5	4			

#857 HARD

	7	1						4
9			6				3	
					4			
4	2			7				9
7					6	2		
1		5		2				8
			4	3				
						5		
								1

#858 HARD

			3	2				
	5							
			9	7	1			3
7	8		2					1
								7
	1				4	9		
		7						6
				8				
9			1					

#859 HARD

#860 HARD

#861 HARD

#862 HARD

#863 HARD

#864 HARD

#865 HARD

	7	9			1			
	2	8		3				
		6		5	9			
3						6	1	
						9		
7			6					
2		1						5
		3			2		7	

#866 HARD

			4		5			
			5			6	2	
				4	5	8	7	
			4			2		8
			6	9	8			
2	5			8				
		7				1		
		6	8		2	3		4

#867 HARD

	5							7
		3		2	9	1		
4				8				
				1	4			
					5			
					3			
		6	8					
5		1					4	
9	3							2

#868 HARD

				2	7			
	3	9						
6								
	1						9	
	7		1					6
2				9	4			
7	8			6			5	
	9			7	1			
				1	6			3

#869 HARD

				2		8		
5	2	3						
					3	7		
	9			6	4			
			1					
						6		
9				7		1	3	
3	5				6			

#870 HARD

	1			6				8
				3	9			1
9		7		1		2		
2					8		7	6
								3
	9							
6					5			7
		3		6				

#871 HARD

						5		
3	9					5		
					7			
4		6	2					
			7			6	9	
			1					
				4				
						3		
		8				5	1	

#872 HARD

		5		6				
1		2						
	6		5					
						7		
		7		2				
8						5		
	7		9					
	4					1	7	
				9				

#873 HARD

	2			3				
	6				5			
	4	7	8		3			
		5						
					1		5	
				9				
2			6	5	9		8	
8				4				

#874 HARD

	9	8						
4	3			5				
		7						
2	6	9	3			8		
			9					
7		2	8	5			1	
						7		
8		7		4				

#875 HARD

							7	
			3	2	7	8		
	6	9	7		5		1	
2		6				3		
			7		8			
		4					9	

#876 HARD

	6		2		5	7	3	
3		8	4			2		
		9					4	
	4			7		9		
	7	5				2		
2	3							
	8	7		4				

#877 HARD

			5	7				6
		3						
8	3	5		1		9		
		9			8			5
	7			3		8		
	6							
							7	
	5			2				

#878 HARD

	5	1					3	
		7						
		4					2	
		5				9		
			8	7				5
	1	8		2		3		
			5		1		7	
	2			3		4		
	7							

#879 HARD

							2	
9		5		4	1		7	
4								6
				9	1			
		7	2	5			1	
	4			7				
		9						5
	9	1			5		3	

#880 HARD

4								2
		2		7		6	3	8
	1					4		
	9					5	4	1
8								
		1	6	9	3			
				4	1			
						6		
	4							

#881 HARD

6		3	9		5			
						3		5
						8		
				9				
				4				
	3	9				5		
				8		2		3
								8
				7				9

#882 HARD

				8				
						7		4
			5					
8	2							
	4							2
					6	9	4	
	1							
		2	1					3
	7	6	9		8			

#883 HARD

4			3				8	
3	7	5			8	9		
9						2	1	
	2			5				
2	9		8			7		6
								8
					2	6		
						3		4

#884 HARD

		2						
		5			4		6	
				6	7			
		3	9					8
4	9					5		
		8				6	4	
	2	9	1		8		7	
						9		
			2		1			

#885 HARD

		9					3	
		3					5	
			9					
							9	
7				8	3	2		
			3		8			
6				7		2		
		4	2					6

#886 HARD

	2							
		3		7	8			
6				8				
				6	5		3	9
								6
				4	9		2	
	9					3		7
				9	2			

#887 HARD

			2	1			3	
1				5				9
			9			8		
				4	8			2
7								
3						1		
					6	9		

#888 HARD

		3	4				6	
			1		3			9
3						2		
		6				8		1
		5	6					3
		4		9				
			7					
6			7	4				
	7							

#889 HARD

						9		
				2	7			
	5	2	3					
		8						
				8				
3			6					
								4
	2							
7			2			3		8

#890 HARD

		4			5	3		1
8								
		8		7	2		4	
								6
3					8			
	2							
	2							
				3	9	4		
	5	7		8				

#891 HARD

5					1		7
	1		8			9	2
7						5	
	2			5			
	5	3				9	
2		8			6		
		1		9			
					2		

#892 HARD

							6	
				3		7	9	
5				4		2		
							8	
6	4	8		5				
			7		3		5	
7			1	4	8			

#893 HARD

					5		
	8				5		
7			9		4		3
				9			
	3				6	5	
2			6		9		
5		3			2	9	
	2		5		8		
		6	7				

#894 HARD

1		8		7	4		
						9	
		3					
			1				
	1				4	3	
7		2					
3	7	6					
		4					

#895 HARD

		2						
4								1
		8	7					
		1	2					
9								5
			9		5	2		
	5		6		9			
						8		
5		6			2			

#896 HARD

4			2		9		7	
	9		6				1	3
8			3					
2							3	
							9	8
			4		1			
	7				6			
							4	

#897 HARD

9						6	3	
				9				
2				7				
		2	8			7		
	6							9
		1			5	9		
	2		9					
			1					2
								3

#898 HARD

8			3					
	2		3		4			
			2					9
	7	1		5	6	2		
	3							
		4			1	5		
6								
		5						

#899 HARD

			8	9				
						2	9	
						6	3	
9								
3		2	9	1	4			7
	8	7			5		3	
	7	9						
			3					

#900 HARD

			5	6				
			8		3			
2			5		1	8		
		5		3		7		
	3				1			
		4						2
		9	3		2	5		
			6		4			

#901 HARD

			8					
		9			4		3	
		7						4
	9		5					7
		2			9	4		
			4			1		
8				1		3		
	7					9		

#902 HARD

			8		9	2	6	
		5		7				
		9				8		3
			5		3			
	2		6		4			9
5				7	3			
				4				

#903 HARD

		7			8		9
5			2				
	2			6		5
2	3					4
6			7			
	7		8	1		
	5	8	9			
			1		7	

#904 HARD

						1	9
	3	7			5
6		4		
	5		6	
7	3		1	6	4
		2	9		7
7		3	1	

#905 HARD

8		2			
	4			
9	3	4		
	3		1	
			7
2	5	1	9	
3		8	6
1	
9	3	

#906 HARD

	2	6		
	5		9
1		7
3	8		7
9	5	
4	8	
9	8
1	5

#907 HARD

5		3				7		
				9		2		
		9				3	6	
				7				5
					8		3	
	8	4	7					
						6		
		7		4	9	1		

#908 HARD

	9	8			2		4	
		1						
9	1		7	5				
5			2		6		7	
	9							
					7			8
				3		8		

#909 HARD

		3		6				
8								
2					1			
4			7		9			
					4	3		
		3		5				6
7	4					2		
		2						

#910 HARD

		5		6				
4			6			7	1	
	7	3		2				
2								7
					5			
		8		9		6		
5				8	4			
				4			2	
					3			

#911 HARD

	4							
		8			7			
		3		6			1	
								5
		1						
	7	2		4			3	
		4	5					
	2		7				4	
				9	4			

#912 HARD

	6				1			
							7	
1		9	7	6		2		
			3		1		9	7
				7				
	9			4				
				5				
			9			4	2	
			5		6			

#913 HARD

		7						
6					1		4	
								8
			1				3	
		8	2	9				5
			3				7	
	6			8			1	
					6	2		

#914 HARD

6			1	8		5		
	9							7
8	4			9				
							1	
		6			2			4
					6			
	5	4		2				
						9		6

#915 HARD

5	7	2	1				4	
		5			8			
	3			2				
4	1		7					
		3	5					6
				9				
			6		5			
		7						
9	2					7		

#916 HARD

4	1					9	3	
					9			
				9				8
			7			1		
6		4	1					
			3				4	
5	2	8			7			
	3		9				2	
	5							2

#917 HARD

1								
	9	7				5	1	
	4			7	6		9	
2			4		1			
		1				4		
9								6
		7			3			
6	3		8					

#918 HARD

2					6		9	
		9	1			4		
5	4		3	8				
1				8				6
		3			2			
6					5			
	7			4	1			
					8			

#919 HARD

	3							
9		7					1	
				8				
1		6				3		
	9							
			5	3				
				4		8	5	
4		1				6		
2			1	3		7		

#920 HARD

5		7						
							4	2
				5				
	8				7			
4	3	8						
	2	6						
			9	8				
				6				8
			7	4			1	6

#921 HARD

1			7		2			
				3				
6	5					3		
				4				
4			5				8	
			7		2			
7	8		2					
		7		1			6	
	6		4					

#922 HARD

				3				
	1							
9				4				6
	8					5	9	
		6						
	2							
6		4		3				
5	3	9	4	8			7	
				5		8		

#923 HARD

	9		1					
			9					
			9	7	5			
	2	3		1				
7		4	8					
4			2					
	2							
	4	7			3			
	1	3			7			

#924 HARD

		3	9	6				
	6	4	3	5				
		9						
			2					
		5		9				
					7			
1	8							
5								
2	9			5				

#925 HARD

					5			
2				1	4		6	
7				1	4	5		
			1			7		
4		9				7		3
		7		3	6		2	
					6			
	8		4		3			9

#926 HARD

			5	1				
8				2	3			
1						5		
					4			
6			3				7	
	2		6		9	3		
7								
4		6					8	
	5							

#927 HARD

	1						2	8
		3		7				
	5		9				4	
							5	
2							1	5
	2	5		8				
9	7							4

#928 HARD

	4		9					
8								
				8				
2				3			4	
		5	1		7		8	
		4					1	
	5							7
		6		7				8
			2			9		4

#929 HARD

			4	8				
2			6					7
							2	
					6	9	5	
			2	3				
9			5					
					7			1
5						6		
	6			7			5	

#930 HARD

3								8
4				7				1
	9					6		
				8			2	
		4				5	8	
								6
	2	8	5					
	8	6			5			

#931 HARD

	7	8						
								2
2			7					
		7						
			9	6		1		
				8	4			
	1							
		3		5		8		
		1	6				8	

#932 HARD

1								
	8			9				
		2		3				
6		5					9	
		1	9				3	4
				9			5	6
				3				
			1		5			

#933 HARD

		3						
5		6		1				
								8
		9		4			5	
					4			7
		2						
3					5	7		
		5			8	2		
6							8	

#934 HARD

				7				1
4		3						
			4					8
		6		9				7
								2
8			7					
		9		2				
		5					8	
	7				5		9	

#935 HARD

				7				
		9		5				
	3		5	1				
			6			7		
				4	8			
								4
	9							
		2				1		
	5				2	7		6

#936 HARD

	4	3	9					7
7								2
5	1					9		
								3
9			1		2			
			5	6				
4	6	1						
				7	5			

#937 HARD

	9			8				
		2						
8	6		4					
	1				8			7
	7							3
7	5	1				2		8
		4			3			5
			2					
9								2

#938 HARD

9			5				1	
			4	3			8	
2	4	9						
5		7						
		2			5			
							9	
			1					4
	9				6	4		
			5		1			

#939 HARD

5			7				2	
							7	
		5						4
		2	3		1			7
				4		3		
	9				4			
	1							
3		6			8			
					9			

#940 HARD

9			3	1	2			
				2	5	7		
					3			8
7							1	
	8				7			
3				9		5		
	2			3				
		3	8				4	

#941 HARD

4		5		7		8		
						4		1
1					9			
9								3
				1				
	3	7	2					
		3					7	
			5					
			9				3	

#942 HARD

		3						
			5			2		
		7		2			5	
		8					4	
				1			7	
					1			
			9					
		3		7				
5		2	9			3		

#943 HARD

				9			
1					9			
						6	9
		1			7		
4					2		
	5				1		
			4				7
		6			9		
					3		2
	9						5

#944 HARD

			1		5		
6							
9		4	7			3	
5	2						
		2				5	
	4		5	8	2		
	5						
5	6						
		8				4	

#945 HARD

4							
9	2		7		3	6	
	3						
5	6						1
8					2		
			1		7		
				7		5	
	2	3	9	5			

#946 HARD

4			1	3		2	
	8						
3							
					9	3	
2		6					
1	4		5				8
				8			
	5			4	9		2

#947 HARD

		9		4		3
7		2				1
				3		
5						
4	7					
		9		6		
	4	1				
9		8		3	2	
						6

#948 HARD

		7		4	
	6		3		2
2	1	5			
			3		9
4			7	8	3
5					7
	3		1		

#949 HARD

			7				8	3
	5							4
2		3				4	5	
					1			
	1							
		5						
	3		9					
6				4			2	
					3	8		

#950 HARD

8				6				
				7				
	8	5				3		1
							4	6
		6						
		4				9	3	2
2				8				
		7		1				

#951 HARD

6			5	9	1			3
					6			
		6		5		8	7	
2				1				9
			3					
	4					3	2	
1				9				
		7	8					

#952 HARD

						9	5	
3	9			4	7			
			1	9			4	
		3				2		
	1	7		2			3	
							8	
	4				6			
8	3	1	2			6		

#953 HARD

4	5	2						8
	9			1				
	8	5				2		
							6	
9						8	5	
			1					4
			8			6		
			5		2			
7			4				8	

#954 HARD

			3			9		
3						2	1	
				1		5		
	6						8	
				8	1			5
4				2				1
2	5				9			
		7						6

#955 HARD

							4	
		3						
2		7		6	1	5		
		5				1		
8		9				3	1	
	2							
	1			9	2		6	
					4			

#956 HARD

		7		8		1		
						5		8
							4	
8				4				
	6	5		3		2		
				2		7		
		4						5
						7		

#957 HARD

8	4	3				1	7	
	1			8				
				4				
7		9			8		4	
			2					
				3			1	
		6	1					7
1								

#958 HARD

	5							
		2	3					
							9	3
				9			2	
			1		8			5
	2							
	7		5	6				
3				5	4	7		2

#959 HARD

			1	4			6	
	1					2		
	6		8	9				
9						3		6
2				6		7	9	1
			7	1				2
			3			1		

#960 HARD

						9	6	
				4			1	2
			9					
	6							
	2			5				
3	4	6			1			
9								
					5			
	7	5				2	4	

#961 HARD

	7			9				
		8						
	4						7	
9	1	5						
	8	1		4			3	
		6		5				4
	9							
				8				
1		4			3			2

#962 HARD

	8	1	6		5			
7		5					8	
		3			2			
	7							
9		7						3
	1		2	7		6		
		4				2	1	

#963 HARD

		3					7	
	7		3			5		
			9					8
				3				
			2		1			
					6			
			4		2			
	9	5						
		1						2

#964 HARD

2			7	4		8		
	4							
		9			5	7		
6	8		4	9	3	2		
		2				6		8
9	7							
	2							
		5						6

#965 HARD

			8		2		6	3
			1		3			9
					4			
2	8			7		5		
3	5				7			
		1						2
	2		3	6	5		1	
		5	7	4				
1			4					

#966 HARD

		3					6	
			2		7			
			7		2			
7		8						
6	9							
	6		5					
8	7		4			1		
		2				8		4
4		5					9	

#967 HARD

	7					2		1
	9					6	4	
	4		8					7
					6	3		
					7		8	9
7								
1						4		6
		2						

#968 HARD

				9				
1		8	7			4		
							7	
		6			1			
	2			4				
	6	1	3					
					8	5		3
			3					8

#969 HARD

			4	1	3		9	8
		9			5			
		7						
9					6			4
7	8			6				2
	6							1
	9			3			7	5
			1			7	8	

#970 HARD

							8	9
9				6	4			
		2						
4					3			
	6		9			5		
		2						
	2			7				
6			7					
	4							

#971 HARD

		5			2			
9	6	3						
	3		9			4		
			8		7			
6								
			7				3	
	1			4			7	
	2	1		8				

#972 HARD

	4	6		5	9			
					6	1	2	
			8					
7			3					
		8			1	7		
	8				5			
	4		7					
	3				8			

#973 HARD

				6			2	5
			3					
						6	1	7
2					4			
	7		1					9
			6				4	
9	1	6						
	8					5		
		3				1		

#974 HARD

					9			
8	5			3			1	
7				4				5
								8
		2	6	1				
6								
								3
5				1			4	

#975 HARD

		6			8			
		1	2		4	9		6
6		2		9			1	
4					8			
					2	4		
			9				3	
			5			1		4
		9			2			

#976 HARD

				5			8	
			7			4		9
								6
1						9	5	
3				2		8		
6							9	
	1							7
					5			

#977 HARD

1			3					7
					1			4
	4			3	6			
			2		8	7		
	8				4			
3	6	1						
				9				
							8	

#978 HARD

		1	7		3			
				7				
		7			6			
	3	4			9	7		
					3	5		
					4		9	
	5							4
			8	4	5			
4			9		5			

#979 HARD

8	7		3				4	
6			9	2				
					9	5		
			3	9				
	6	9						
							8	
	8		7	6			2	
	3		5		8			

#980 HARD

				9				
		8			5		4	
	1		8					
3								
	9	2	5		3		7	
		6						5
				7				
5								
		7				8		

#981 HARD

							1	
			4			3	8	
				1	9			
				4				
2								6
			7				6	
6		3				4		
	1	6						4
	4				8			5

#982 HARD

				9				
				9				
3	9				8	7		2
	7		4			6		
6								4
	3			7	5	4		
		6		5			7	3
			1	4				

#983 HARD

	3	9	1			6		
			9		5			
	6						3	
4								
8	5		7	4				
1			6	5				
8					6			
						4		
								5

#984 HARD

	1	9		8		3		
							6	
			5	7				
6			1			5		
								4
		7			4			
								7
	3			5	1			8
	5							

#985 HARD

```
. . . . 2 . 1 6 8
5 . 8 . . . . . .
. . 4 1 . . . . .
. . 9 . . . . . .
7 . 1 4 . . . . 6
. . . . 2 4 . . .
. . . 1 3 . . . .
6 . . . 5 . 1 . .
. . . 3 . . . . .
```

#986 HARD

```
. . . . . . 9 2 .
. . . . 6 5 . . .
. . . . . . . . .
. 2 . 5 . . . . 3
. 9 . 8 . . . . .
. . . . 8 . . . 4
. . . . . 2 5 . .
. . 2 . 3 . . . .
3 7 . . . . . 6 .
```

#987 HARD

```
. . . 6 . . . . .
. 4 . . . . . . .
. . 6 . . 5 . . .
6 . . 7 . . . . 3
3 . . 1 . 4 . . .
. . . . . . . 7 .
. 2 5 . . 3 . . .
4 . 9 . . . 2 8 .
```

#988 HARD

```
. 2 . . . . . 8 7
. . 7 . 2 . . . .
9 . . 3 . . . . .
. . . . 5 . 3 7 6
7 . 6 . 8 . . . .
4 . . 9 . . . . 5
. . . . . 6 2 . .
. . 9 . . . . . .
```

#989 HARD

```
. . . 5 . 1 9 4
8 . . . . . . .
. . 9 . 7 . 6 . .
. . . 8 6 . . .
. . 7 . . . 3 .
. . . 1 . 7 2 .
. . . 6 . . . .
. . . . 8 . . .
6 8 . . . 1 . .
```

#990 HARD

```
. 7 . . . . . . 4
. . . . . . . 8 .
. . 9 . . . . 1 2
. . . . . 9 5 .
. . . . 4 . . . 8
. . . 7 . . . . .
. 5 . . . 3 6 .
. 7 . . . . . 4 9
. 1 3 . . . . . .
```

#991 HARD

	2							4
			5					
	9					7		3
1			6	8				9
	8				2			
		4				9		
	3	9	2					
				4	9			

#992 HARD

8								
		7						
			6	9				7
						5	7	8
7		6		2				9
		8	9				4	
6		5				7		
1					7		3	2
				7	3			

#993 HARD

	8	6		7				
			2	1				
	4					3		
	3		9					8
		1						
						9	7	
8				3				
6	7		5		9			
9				4		5		

#994 HARD

			7	9				
4	8				9		1	
		1		4				
				3				
8		6					1	
			8	7	5			
						2		3
9	5							
					8			

#995 HARD

		2	8					
	7							
	6		4	5				
	9				1			7
3				2				
		5	3					6
			9	1				
4			7					
1				6				

#996 HARD

	2					6		
						2		
9			3			1		
								5
		1			3			
					7		3	
3								6
1			9	4				8
8				3		9		

#997 HARD

	1	6						4
	4					3		
8								
	7		6		3	4	8	
2					9			
		7						
1						8		
	3							
					6	9	1	

#998 HARD

1	5				8			
							5	
			9			4	2	
7		8					3	9
5				4				
8							6	
			3	9				1
2		4				6		

#999 HARD

7				1				
	2		3		6			
		6						
9	1			4	3			6
	3				2			
	2					7		
			5					
	7				8			

#1000 HARD

7			6	2				
		6	2			8		
								3
								2
			7		1	5		9
	8					3		1
					8	9		
		4		9		2		
	7		5					

#1001 HARD

							1	2
					3			
7	2	6			8			
				2				7
					1			
			9		2			
	9				1		4	
2			6			9	5	

#1002 HARD

7	2				3			
			4	8			3	6
					9	7	8	
		4						
				3		9		7
			2	1				
			7					8
		8	9				2	
	6							

#1003 HARD

			9	3	4			5
		3			8	9	2	
9				4				7
	2			8				
1		9	3		2			
		4						
			2					
	9							
	1	5						

#1004 HARD

1				8		6		
7		1						4
3	9	6				2		
	3							
							3	
							8	1
	1		9				5	
				7				
				9				

#1005 HARD

				7				
8		3		6				
								1
1					2			4
	6		3					7
6		7		9				
						5	6	
3	4		7					
				3				

#1006 HARD

1			2					
	7	3				5	1	
	9							
5	6							
			6					
	8							1
3						2	9	
6			5					

#1007 HARD

			1		4			
			8					7
		2						
				6				
8	2	7			9	1		
1			7	8		5		
		4		6				3
				3				
				5		4		

#1008 HARD

			5					
		7		3		8		
		9						2
	3	1				4		
	6							
1		3						
					1			6
	4		2					
								4